职业教育机械类专业系列教材

AutoCAD 2018 机械制图实用教程

主编　杨小刚　王学忠

参编　杨明忠　吕　冲　王春梅　李　梅

　　　陈彦兆　阎金刚　袁　亚

主审　冯建雨　李小亚

U0218679

机械工业出版社

本书主要内容包括 AutoCAD 2018 入门、绘图环境设置、绘制标题栏、绘制平面图形、尺寸标注、曲柄类零件图的绘制、轴类零件图的绘制、盘类零件图的绘制、叉架类零件图的绘制、装配图的绘制、图形输出、三维绘图、三维实体零件的绘制。

本书采取模块化教学方法，以技能培养为特色，以学习机械制图的常规方法为主，注重实践，不强求理论的完整性，力求做到文字精练、语言通俗易懂、举例实用。

本书可作为职业院校加工制造类专业教材，也可作为相关人员短期培训用书。

图书在版编目（CIP）数据

AutoCAD 2018 机械制图实用教程/杨小刚，王学忠主编. —北京：机械工业出版社，2018.12（2023.1 重印）
职业教育机械类专业系列教材
ISBN 978-7-111-61688-7

Ⅰ.①A… Ⅱ.①杨… ②王… Ⅲ.①机械制图-AutoCAD 软件-职业教育-教材 Ⅳ.①TH126

中国版本图书馆 CIP 数据核字（2018）第 296813 号

机械工业出版社（北京市百万庄大街 22 号 邮政编码 100037）
策划编辑：齐志刚 责任编辑：齐志刚
责任校对：梁 静 封面设计：陈 沛
责任印制：张 博
北京雁林吉兆印刷有限公司印刷
2023 年 1 月第 1 版第 6 次印刷
184mm×260mm·6.75 印张·162 千字
标准书号：ISBN 978-7-111-61688-7
定价：29.80 元

电话服务　　　　　　　　　　网络服务
客服电话：010-88361066　　机 工 官 网：www.cmpbook.com
　　　　　010-88379833　　机 工 官 博：weibo.com/cmp1952
　　　　　010-68326294　　金 书 网：www.golden-book.com
封底无防伪标均为盗版　　机工教育服务网：www.cmpedu.com

前　言

CAD（Computer Aided Design，计算机辅助设计）是指工程技术人员以计算机为工具，用各自的专业知识，对产品进行总体设计、绘图、分析和编写技术文档等设计活动的总称。

AutoCAD 是由美国 Autodesk 公司开发的通用计算机辅助设计软件，它具有人机交互式图形输入和输出、辅助作图、编辑修改及尺寸文字标注等功能。除二维绘图外，它还能够进行三维实体建模，并能得到具有真实的透视彩色浓淡效果图，但三维功能较弱。AutoCAD 2018 以功能强大、操作简单、易于掌握等优点，广泛应用于机械工程设计、建筑工程设计及装潢设计等领域。作为一种先进的功能强大的绘图工具，AutoCAD 正逐步取代三角板、圆规、绘图板等传统绘图工具，成为现代设计的得力助手。

为适应现代职业教育特点和我国制造业 CAD 方面的人才培养需求，编者根据多年应用 CAD 的实践经验和教学经验，广泛征求业界意见，从应用的角度出发，从设置绘图环境到绘制平面轮廓图，从绘制简单的图形到复杂的零件图，到最后完成装配图的绘制，再到三维实体模型的造型等，将 AutoCAD 2018 的各个功能贯穿全书，由浅入深、循序渐进地剖析了图样的整个设计过程，强调在过程中学习绘图命令和绘图技巧，以实例为切入点，降低学习难度，提高学习兴趣。

本书分为 15 个模块，采用任务驱动的编写思路，充分贯彻"必需、够用"的理论要求，采取模块化教学方法，以技能培养为特色，以学习机械制图的常规方法为主，注重实践，不强求理论的完整性，利于学生更方便、更快捷地掌握所学知识，力求做到文字精练、语言通俗易懂、举例实用。

本书由杨小刚、王学忠任主编并负责全书的统稿，杨明忠、吕冲、王春梅、李梅、陈彦兆、阎金刚、袁亚参编，冯建雨、李小亚担任主审。编写过程中，编者参阅了许多文献，在此谨向有关单位、作者表示感谢。

由于编者水平有限，书中难免存在疏漏之处，恳请专家和读者批评指正。

编　者

目　录

AutoCAD 2018入门

知识要点

AutoCAD 2018 的启动与退出

AutoCAD 2018 的工作界面

AutoCAD 2018 的命令执行方式

配置绘图环境

图形文件管理

1.1　AutoCAD 2018 的启动与退出

1.1.1　启动 AutoCAD 2018

安装 AutoCAD 2018 软件后，在 Windows 系统平台就可以启动该软件。启动 AutoCAD 2018 的方式有很多种，在此介绍常用的 3 种。

1）单击桌面上的"开始"按钮，依次单击"程序"→ "Autodesk"→"AutoCAD 2018-Simplified Chinese" 程序组，选择 "AutoCAD 2018"。

2）双击桌面上的 AutoCAD 2018 快捷方式，如图 1-1 所示。

3）从安装目录下直接运行 acad. exe 程序。

图 1-1　AutoCAD 2018
桌面快捷方式

1.1.2　退出 AutoCAD 2018

退出 AutoCAD 2018 有以下几种方式。

1）单击 AutoCAD 2018 窗口界面右上角的 ▣ （关闭）按钮。

2）选择菜单中的"文件"→"退出"命令。

3）在命令行中输入 EXIT 命令或 QUIT 命令，按〈Enter〉键。

4）按〈Alt+F4〉组合键。

1.2　AutoCAD 2018 的工作界面

启动 AutoCAD 2018 后，常显示的工作界面如图 1-2 所示。

AutoCAD 2018 的默认用户界面主要由标题栏、菜单栏、工具栏、状态栏、命令窗口、绘图区域、十字光标、坐标系图标等组成。

1.2.1 标题栏

标题栏位于 AutoCAD 2018 工作界面的最上方，在标题栏中显示当前软件版本和当前图形名称，其右端有窗口最大化、最小化及关闭按钮，单击任一按钮可实现相应的功能。

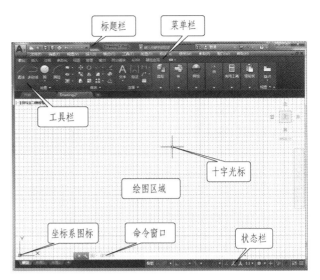

图 1-2　AutoCAD 2018 工作界面

1.2.2 菜单栏

（1）下拉菜单　下拉菜单位于标题栏下方，包括文件、编辑、视图、插入等 11 项。单击菜单时，会在标题栏下出现菜单项。

（2）级联菜单　某些菜单项后面有一黑色的小三角形▶，把光标放在此菜单项上，就会自动显示子菜单，它包含了进一步的选项，如图 1-3 所示。

（3）光标菜单　按〈Shift〉+鼠标右键，就会在当前光标位置显示光标（快捷）菜单。

（4）对话框　如果选择的菜单项后面有"..."，单击此项，就会弹出 AutoCAD 2018 的某个对话框，可以对需要的选项进行设置。

图 1-3　级联菜单

1.2.3 工具栏

AutoCAD 2018 工具栏中共提供了 29 个工具栏按钮。工具栏是浮动的，可以被拖曳到窗口的其他位置，甚至窗口的上下、左右边框上。AutoCAD 2018 的多数命令以小图标的形式显示，这些小图标即为快捷工具。用户可以在"视图"→"工具栏..."下拉菜单中打开或关闭特定的工具栏，也可在图 1-4 所示的工具栏设置对话框中对工具栏进行设置。

1.2.4 状态栏

状态栏位于主窗口底部，用来反馈当前的工作状态。状态栏左边显示当前十字光标 X、

图 1-4　工具栏设置对话框

Y、Z 的三维坐标值，中间显示"坐标""模型""栅格""捕捉""正交""极轴""对象追踪""对象捕捉"和"线宽"9个按钮，如图 1-5 所示。单击任一按钮，可以切换其当前状态，其中凹陷状态为开、凸起状态为关。当将光标置于菜单命令或工具栏按钮上时，状态栏显示相应命令的提示信息。

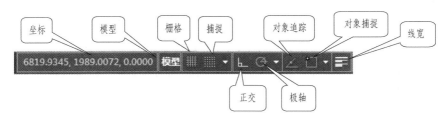

图 1-5 状态栏

1.2.5 命令窗口

命令窗口也称文本窗口，位于状态栏上方，用来输入命令和显示 AutoCAD 2018 命令提示及有关信息，如图 1-6 所示。

图 1-6 命令窗口

在命令行中输入命令，然后按〈Enter〉键或空格键，则系统执行该命令的操作。如果当前输入的命令有误，可以按〈Esc〉键取消该命令操作。

按〈F2〉功能键，将打开独立的 AutoCAD 2018 文本窗口，如图 1-7 所示；再次按〈F2〉功能键，将关闭 AutoCAD 2018 文本窗口。

图 1-7 AutoCAD 2018 文本窗口

1.2.6 绘图区域

绘图区域也称图形窗口，是用来显示、绘制和编辑图形的工作区域。由于 AutoCAD 2018 采用多文档设计环境，所以可以同时存在多个图形窗口。

1.2.7 十字光标

图形窗口中的光标为十字光标，用于绘图时的坐标定位和对象选择。

1.2.8 坐标系图标

坐标系图标位于图形窗口的左下角，它表示当前所使用的坐标系以及坐标方向等。

1.3 AutoCAD 2018 的命令执行方式

在 AutoCAD 2018 中，命令的执行方式比较灵活。同一命令有多种输入方法，可以根据自己的操作习惯灵活应用。

1.3.1 使用工具按钮

利用工具栏输入命令，方便快捷，只要单击图标即可输入命令，如图 1-8 所示"绘图"工具栏。

图 1-8 "绘图"工具栏

1.3.2 执行菜单命令

利用下拉菜单也可以很方便地输入各种命令，在下拉菜单的命令组中选择所需要的命令，单击即可输入。

1.3.3 在命令行输入命令

只有在命令行窗口中的"命令:"提示下，AutoCAD 2018 才处于接受命令输入的状态，在提示符处通过键盘输入命令名或快捷指令，然后按〈Enter〉键或空格键，方可输入相应的命令。

1.3.4 通过上下文菜单

在 AutoCAD 2018 中，可以通过单击鼠标右键弹出上下文菜单，如图 1-9 所示。该菜单会根据当前命令列出命令中的各选项。若该菜单中没有系统当前执行的命令，则提示用户选择重复执行上一命令。

图 1-9 上下文菜单

1.4 配置绘图环境

如果用户对系统默认的绘图环境不满意，则可以根据个人习惯和具体的绘图需要重新配置绘图环境。

在菜单栏中选择"工具"→"选项"命令，打开如图 1-10 所示的"选项"对话框。

该对话框中有 11 个选项卡，分别为"文件""显示""打开和保存""打印和发布""系统""用户系统配置""绘图""三维建模""选择集""配置""联机"。利用这些选项卡可以设置集体的配置项目。

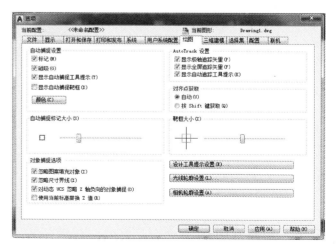

图 1-10 "选项"对话框

1.5 图形文件管理

1.5.1 建立新图形

AutoCAD 2018 启动后，将建立一个新图形，图形样板系统默认为 acadiso.dwt 样板，如果需要重新建立新图形，只需要单击"标准"工具栏中的 按钮，或从下拉菜单中选择 →"新建"按钮，即弹出如图 1-11 所示的"选择样板"对话框，用户可以根据需要选择下拉列表框中的其他样板，选择后单击"打开"按钮即可。

1.5.2 保存图形文件

启动 AutoCAD 2018 进入绘图状态后，AutoCAD 2018 会将新图形预命名为 Drawing1.dwg，以后每新建一幅图形，后面的数字自动加 1，如 Drawing2.dwg、Drawing3.dwg 等。

如果没有重新命名图形文件，则单击"标准"工具栏中的 按钮，将弹出"图形另存为"对话框，如图 1-12 所示。

图 1-11 "选择样板"对话框　　　　　图 1-12 "图形另存为"对话框

在"保存于"下拉列表框中选择存放文件的磁盘目录，然后在"文件名"文本框中输入合适的文件名，再单击"保存"按钮，即可保存当前图形。

在"文件类型"下拉列表框中选择所需的文件类型，用户可将文件保存为多种格式，其含义分别如下：

1）DWG：AutoCAD 图形文件（默认）。

2）DXF：包含图形信息的文本文件，其他的 CAD 系统可以读取该图形信息。

3）DWS：二维矢量文件，用户可使用这种格式在互联网或局域网上发布 AutoCAD 图形。

4）DWT：AutoCAD 样板文件。

如果图形文件已被重新命名，则在绘图过程中，可随时单击"保存"按钮，保存当前图形，而不再出现对话框。如果想另存文件，可从下拉菜单中选择"文件"→"另存为"命令，打开"图形另存为"对话框。

1.5.3 打开旧图形

在"标准"工具栏中单击 按钮，或在下拉菜单中选择 →"打开"按钮，将弹出如图 1-13 所示的"选择文件"对话框。选取要打开的图形文件后，右边的"预览"框将显示指定的文件图形。

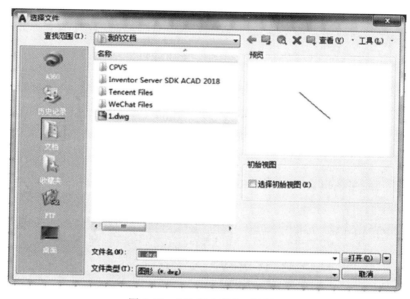

图 1-13 "选择文件"对话框

绘图环境设置

> **知识要点**
>
> 图形单位设置
> 图形界限设置
> 图层的生成与管理
> 设置文字样式
> 上机实训

2.1 图形单位设置

AutoCAD 2018 提供了图形单位设置功能，当然这些设定可以在向导中完成，也可以由模板中继承。一般情况下，新建一张空白的图纸，在绘图之前应进行图形单位的设置。

选择菜单栏中的"格式"→"单位"命令，弹出如图 2-1a 所示的对话框，用户可根据需要分别在"长度"和"角度"两个组合框内设定绘图的长度类型及其精度、角度类型及其精度；单击"方向"按钮，显示"方向控制"对话框，如图 2-1b 所示，用户可根据需要在对话框中选择"基准角度"。若选"其他"选项，则可以输入角度和对已有图形的角度进行拾取。

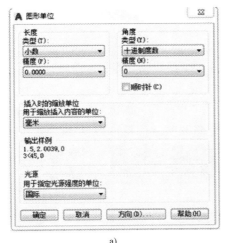
a)

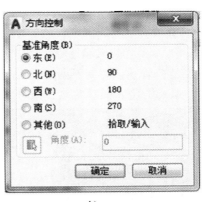
b)

图 2-1 "图形单位"对话框和"方向控制"对话框

2.2 图形界限设置

图形界限取决于所绘图的尺寸范围、图形四周的说明文字和图形的比例。一般情况下，按1∶1的比例绘制图形；有时也采用放大或缩小的比例绘图，此时要根据所选择的比例和图形的大小来计算图形界限。

选择菜单栏中的"格式"→"图形界限"命令，命令提示窗口要求用户给定绘图左下角和右上角的坐标，用来设置图形界限。图形界限设置完后，并不能在屏幕上立即显示出来，可以选择菜单栏中的"视图"→"缩放"→"全部"命令来显示。

2.3 图层的生成与管理

在开始绘制一幅新图时，AutoCAD 2018自动产生一个名为"0"的特殊图层，它是自定义的，不能被删除或重新命名，其各种特性均已预订。用户可以定义新图层。新建图层的方法有3种方式：

1）单击菜单栏中的"格式"→"图层"命令，系统将弹出"图层特性管理器"对话框，如图2-2所示。

2）单击"图层"工具栏中的"图层特性管理器"命令按钮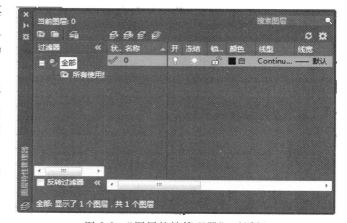，也会出现如图2-2所示的对话框。

3）输入命令法：在命令行中输入LAYER命令，也会得到同样的结果。

图2-2 "图层特性管理器"对话框

2.3.1 设置图层

"图层特性管理器"对话框中包括名称、颜色、线型和线宽等基本项目，以及打开或关闭、冻结、锁定或解锁、打印样式和打印等管理工具。

在"图层特性管理器"对话框中单击"新建"按钮，如图2-3所示，图层显示框中出现新的图层，系统会给新图层赋名，也可以直接修改新建图层的默认图层名。操作方法是：

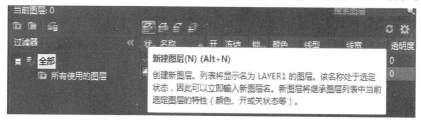

图2-3 "图层特性管理器-新建图层"对话框

单击两次要修改图层名的图层，显示文字编辑框，在框中删除原图层名，输入新图层名。

2.3.2　设置颜色

应为每一图层赋予一种颜色，不同图层可设置成不同的颜色。在"图层特性管理器"对话框中，单击颜色特性小方框，弹出"选择颜色"对话框，如图 2-4 所示，系统共提供了 256 种颜色供用户选择。

操作方法：在"选择颜色"对话框中单击所选颜色后，单击"确定"按钮，即为图层设置相应颜色。

图 2-4　"选择颜色"对话框

2.3.3　设置线型

应为每一图层赋予一种线型，不同图层可设置成不同的线型。绘制工程图需要多种线型，若要改变某图层的线型，可以单击该图层的线型名称，显示"选择线型"对话框，如图 2-5 所示。单击"加载"按钮，弹出"加载或重载线型"对话框，如图 2-6 所示，选择所需线型并单击"确定"按钮即可。

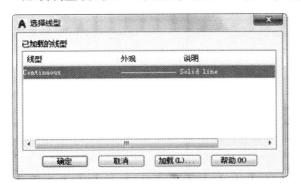

图 2-5　"选择线型"对话框

图 2-6　"加载或重载线型"对话框

2.3.4　设置线宽

根据相关标准，每种线型有其相应的线宽。单击"图层特性管理器"对话框中的"—默认"按钮，弹出如图 2-7 所示的"线宽"对话框，AutoCAD 2018 预定的线宽为默认。单击选择某线宽，然后单击"确定"按钮，可以设置图层的线宽。

2.3.5　管理图层

1. 设置当前图层

在绘图过程中，若指定某一图层为当前图层，则此后所绘的所有图形都在该图层上，并具有该图层的所有特性，直至当前图层被重新设定为止。在"图层特性管理器"对话

图 2-7　"线宽"对话框

框中选择所需图层，单击鼠标右键，弹出光标菜单，选择"置为当前"，即可将该图层设为当前图层。

2．删除图层

在"图层特性管理器"对话框中选中某图层，并单击"删除"按钮，即可删除该图层。

3．打开或关闭图层

在"图层特性管理器"对话框中，单击图层上的灯泡形小图标 ，此图标黄色亮显为打开该图层，灰蓝色为关闭该图层。单击该图标即可在打开与关闭图层之间进行切换。

为了显示清晰，方便绘图，可以关闭某些暂时不用的图层，该图层所绘图形不再显示。尽管它们不可见，但仍是整个图形的一部分。当前图层也可被关闭，但会出现警告。一般不要关闭当前图层。

4．冻结或解冻图层

在"图层特性管理器"对话框中，单击图层上的太阳形图标 ，可以冻结该图层，图标变成雪花形图标 ，即该图层上所绘图形不可见，绘图时不输出，所有命令对其不起作用。若要解冻该图层，只需单击一次该图标即可。

5．锁定或解锁图层

在"图层特性管理器"对话框中，单击图层上的挂锁形图标 ，使其锁上，即该图层被锁定，图标变成 ，图层上的内容可见，绘图时能输出，但不能对其进行编辑、修改等操作，也无法选中。若要解锁该图层，再单击一次该图标即可。

2.4　设置文字样式

文字样式包括字体、字型以及字体的其他具体参数，国家标准对图样中的文字有明确的要求。例如，汉字要用仿宋体，数字要用阿拉伯数字，对字体的大小也有严格的规定。因此在图样中标注文本时，应在输入文本之前先对文字的样式进行设置。对同一种文字，可以通过改变字体的参数，如高度、宽度因子、倾斜角度、反向和垂直等，依次定义多种文字样式，以满足不同的要求。

单击"样式"工具栏中的 按钮，或从下拉菜单中选择"格式"→"文字样式"命令，系统将弹出"文字样式"对话框，如图 2-8 所示。利用此对话框可以定义文字样式。

2.4.1　"样式"选项组

"样式"选项组用于建立新的文字样式，对已有的文字样式进行更名或删除。AutoCAD 2018 提供的默认文字样式为 Standard。它使用基本字体，字体文件为 txt. shx。该选项组中

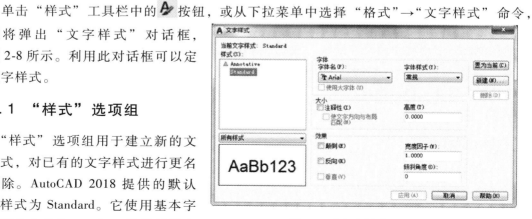

图 2-8　"文字样式"对话框

各选项的含义和功能如下：

1）"样式"下拉列表框：用于显示和选择已有的文字样式。

2）"新建"按钮：用于建立新的字体样式。单击"新建"按钮，系统打开"新建文字样式"对话框，在文本框中输入新的文字样式名后，单击"确定"按钮，即可完成新文字样式的建立。

3）"删除"按钮：用于删除字体样式。其具体操作过程为：在"样式"下拉列表框中选中要删除的字体样式，单击"删除"按钮，在打开的"删除样式名"对话框中单击"是"按钮，即可删除选中的字体样式。

2.4.2　"字体"选项组

"字体"选项组用于选择文字文件。该选项组中各选项的含义和功能如下：

1）"字体名"下拉列表框：用于选择所需要的字体名。只有已注册的 True Type 字体及 AutoCAD 型（. shx）字体才会在该下拉列表框中出现。

2）"字体样式"下拉列表框：用于显示当前使用字体的字体样式。

3）"高度"文本框：通过输入数值来改变字体高度。输入字体的高度值后，图形中标注的文字的高度即为此文本框中所输入的高度。

4）"使用大字体"复选框：用于确定是否使用汉字。只有选中该复选框，才能在"字体样式"下拉列表框中选取相应的汉字名。

2.4.3　"效果"选项组

"效果"选项组用于确定字体的特征。该选项组中各选项的含义和功能如下：

1）"颠倒"复选框：用于确定是否将文字倒置标注。

2）"垂直"复选框：用于确定将文字水平还是垂直标注，值得注意的是，文字的垂直显示不支持 TrueType 字体。

3）"宽度因子"文本框：用于设置字体的宽度因子。当宽度因子为 1 时，按字体文件中定义的标准执行；当宽度因子小于 1 时，字体变窄；当宽度因子大于 1 时，字体变宽。

4）"倾斜角度"文本框：用于确定文字的倾斜角度。输入值为正值时字体向右倾斜，为负值时向左倾斜，0°时不发生倾斜，其角度范围是−85°~85°。

2.4.4　"预览"选项组

"预览"选项组用于预显示选定的字体样式，如图 2-8 所示。

2.5　上机实训

设置符合下列条件的绘图环境。

1）设置图形单位，建议设置"长度"类型为"小数"，"精度"为"0.00"；"角度"类型为"度/分/秒"，"精度"为"0d00′"。

2）新建下列图层，建议图层设置见表 2-1（d 通常取 0.5mm 或 0.7mm）。

表 2-1　图层设置

名　称	颜　色	线　型	线　宽
粗实线	白色(黑色)	Continuous	d(粗)
细点画线	红色	Center	$d/2$(细)
细虚线	黄色	Hidden	$d/2$(细)
细实线	绿色	Continuous	$d/2$(细)
波浪线	绿色	Continuous	$d/2$(细)
标注线	青色	Continuous	$d/2$(细)
辅助线	蓝色	Continuous	$d/2$(细)

　　3）设置文字样式：样式名为"工程字"，字体名为"仿宋_ GB2312"，高度为"3.5"（推荐），其余为默认。

　　4）保存文件。将文件另存为图形样板文件。

模块 3

绘制标题栏

知识要点

基本绘图命令——直线

文本标注——多行文字

基本图形编辑——删除、偏移、修剪

图形显示控制

综合实例

上机实训

3.1 基本绘图命令——直线

"直线"命令用于绘制直线或折线。直线是组成图形的基本图素之一，熟练掌握直线命令的各种操作方法，有利于提高绘图效率。绘制直线的方法如下：

1）单击绘图工具栏中的 按钮，如图 3-1 所示（推荐使用）。

2）单击下拉菜单："绘图"→"直线"命令。

3）在命令行输入：line 命令。

图 3-1 "绘图"工具栏

采用上述任意一种方法，都会在命令行提示：

命令：_ line 指定第一点：　　　（此时在绘图区空白处单击，确定起始点）

此时，命令行给出提示如下：

指定下一点或 [放弃(U)]：

用户可以通过下列 4 种方式确定第二点的坐标值。

① 绝对的直线坐标输入。在二维平面上绘图，当已知点的 X、Y 坐标值时，可采用绝对的直线坐标输入。

格式：X，Y（注意：坐标值之间用逗号分开）

【例1】 启动直线命令后，分步输入：0，0↙→420，0↙，便从坐标原点开始向右画出一条 420mm 长的水平线。

② 相对的直线坐标输入。当已知要确定的点和前一个点的相对位置的坐标时，可采用

相对的直线坐标输入。相对的直线坐标是指图中的最后一个点的坐标在 X、Y 方向的增量。

格式：@ X , Y（注意：前缀符号@的意思是最后的点位，且沿 X、Y 轴正方向增量为正，反之为负）

【例2】 若要从坐标为（420,0）的点开始画一条 297mm 长的垂直线，应在启动"直线"命令后分步输入：420，0 ✓ →@ 0，297 ✓。

③ 极坐标输入。相对极坐标是输入点到最后一点间的连线的长度及连线与零角度方向的夹角。默认零角度方向与 X 轴的正方向是一致的，角度值以逆时针方向为正。如果角度是顺时针方向，则在角度值前加负号。

格式：@ 长度 < 夹角

【例3】 启动"直线"命令后，分步输入：0，0 ✓ →@ 120<45 ✓，便从坐标原点开始向右上方画一条 120mm 长且与水平线成 45°的斜线。

④ 直接的距离输入。在定点时，可以采用直接的距离输入方法，即移动光标，拉出极轴追踪线指示画线的方向（绘制直线前单击状态栏中的极轴，即可打开极轴追踪），再通过键盘输入直线段的距离，然后按〈Enter〉键。

3.2 文本标注——多行文字

"多行文字"命令用于在多行文字编辑器中建立段落文字。此编辑器可以方便地输入文字，在输入文字之前应先对文字样式进行设置。

单击工具栏中的 **A** 按钮，在绘图区域确定文字的横向范围，用光标框选文字范围，此时屏幕上出现"多行文字编辑器"对话框，如图 3-2 所示。在此对话框中可输入文字，还可以进行文本编辑，更改文字格式的相关内容，完成后单击"确定"按钮即可。

图 3-2 "多行文字编辑器"对话框

3.3 基本图形编辑——删除

"删除"命令用于删除选中的对象。单击"修改"工具栏中的 ✍ 按钮，如图 3-3 所示，AutoCAD 2018 提示选择对象，拾取所有需要删除的对象，再单击鼠标右键，即可将对象从绘图区删除。

图 3-3 "修改"工具栏

3.4 基本图形编辑——偏移

"偏移"命令用于画出指定对象的偏移，生成源对象的等距曲线。单击"修改"工具栏中 ![button] 按钮，如图3-3所示，命令行提示：

指定偏移距离或［通过（T）］<通过>：（输入偏移距离值）↙

选择要偏移的对象或 <退出>：（选择要偏移的对象）

指定点以确定偏移所在一侧：（单击要偏移的方向）

注意：可以重复偏移，按〈Enter〉键则结束编辑。

3.5 基本图形编辑——修剪

"修剪"命令就是以某些对象作为边界，将另外一些对象的多余部分删除。单击"修改"工具栏中的 ![button] 按钮，如图3-3所示，命令行提示：

选择对象：（根据命令行提示进行操作）

注意：若要快速修剪，可用封闭窗口方式构造选择集，全部选中后按〈Enter〉键，用拾取靶拾取要修剪的对象，如不能修剪可直接删除。

3.6 图形显示控制

3.6.1 实时平移

"实时平移"是透明命令，用户能在图形窗口中移动图形，但图形的大小不变。长按鼠标滚轮，光标变成一只手状图案 ![hand]，移动光标，当前视口中的图形就会随着光标的移动而移动。

3.6.2 实时缩放

"实时缩放"命令用来放大显示和缩小显示图形。通过滚动滚轮可以控制图形的大小。向下滚动滚轮，图形就缩小显示；向上滚动滚轮，图形就放大显示。

3.6.3 窗口缩放

执行"窗口缩放"命令后将显示一个指示窗口，可以将该窗口作为一个边界，把该窗口内的图形放大到全屏，以便用户详细观察。单击菜单栏中的"视图"→"缩放"→"窗口"，将十字光标移到要放大的部位，按住鼠标左键拖动光标，框选被放大的部位，松开鼠标左键后单击，被框住的部分就被放大了。

3.6.4 缩放上一个

采用"窗口缩放"选项可将图形恢复到前一个显示方式（最多可恢复到前10次）。单击菜单栏中的"视图"按钮，单击"缩放"中的"上一个"命令即可（每单击一次，图形便向前恢复一次）。

3.7 综合实例

3.7.1 实训目的和要求

1）绘制图 3-4 所示零件图标题栏。

2）熟练掌握直线命令、偏移命令、修剪命令的应用方法。

3）将图幅大小设置为 A3 横装，需要留装订边，图框格式查相关制图国家标准。

4）建立文字样式，在标题栏中输入文字，字体选择"仿宋＿GB2312"，字高为"3.5"。

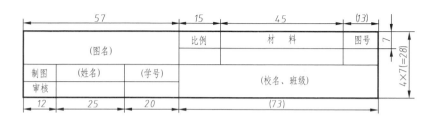

图 3-4   零件图标题栏

3.7.2 绘图步骤

步骤 1：双击桌面上的快捷图标，启动 AutoCAD 2018

步骤 2：在新建的图形中，设置绘图单位、精度等内容（略）

步骤 3：设置图幅大小为 A3

根据国家标准，A3 图纸幅面为 420mm×297mm。在"图形界限"中进行设置，单击 **栅格** 按钮显示绘图区域，用"实时平移"命令调整绘图区域的位置。

步骤 4：新建图层

新建粗实线层、细实线层、标注线层（文字标注层）。

步骤 5：绘制 A3 图幅的边界

单击"图层"下拉列表中的向下箭头，选择"细实线"图层，将其置为当前层。单击 按钮，命令行提示：

命令：_line 指定第一点：　　0,0↙　（输入坐标点,即坐标原点）

指定下一点或［放弃（U）］：　　420↙　（沿着极轴追踪方向向右,输入420）

用相同的方法向上输入 297↙，向左输入 420↙，最后向下捕捉到端点，按〈Enter〉键或单击【确定】按钮完成设置。

步骤 6：绘制图形边框

边框的装订边图框格式设置可查机械制图国家标准。按绘图要求，A3 图幅的装订边为：$a = 25\text{mm}$，$c = 5\text{mm}$。

单击 按钮，命令行提示：

| 指定偏移距离或［通过（T）］<0.0> | 25 ↙ （输入偏移距离 25mm）

| 选择要偏移的对象或 <退出>： |

| 指定点以确定偏移所在一侧： | （选择左边画出的细实线，向这条线的右面点一下，即得到如图 3-5 所示的图形）

再次单击 按钮，用同样的方法，输入偏移距离 5mm，偏移其余三边。（注意：其余三边的偏移距离相等，可以同时完成偏移操作。）

步骤 7：修剪多余的图线

单击 按钮，命令栏提示：

| 选择对象： | （将所画图全部选中后按〈Enter〉键）

| 选择要修剪的对象，或按住 Shift 键选择要延伸的对象，或［投影（P）/边（E）/放弃（U）］： |

（选择要修剪的对象，按〈Enter〉键退出，不能修剪的，单击"删除"按钮，将其删除即可。）

步骤 8：转换图线

将要修剪的图框全部选中，然后单击图层下拉图标，选择"粗实线"图层，屏幕上的图层已经改变，按〈Esc〉键退出，即可得到如图 3-6 所示的图形。

图 3-5 绘制图形边框

图 3-6 转换图线

步骤 9：绘制标题栏

在图框的规定位置绘制标题栏，如图 3-7 所示，可以用偏移命令来完成，也可以用直线命令来完成，具体方法按个人习惯而定。

步骤 10：设置"文字样式"对话框

单击"样式"工具栏中的 按钮，利用"文字样式"对话框可以创建新的文字样式。单击"新建"按钮，弹出"新建文字样式"对话框，如图 3-8 所示。

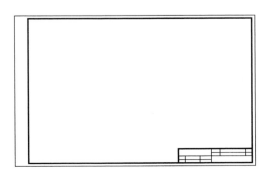

图 3-7 绘制标题栏

在"新建文字样式"对话框中输入样式名为工程字，单击"确定"按钮，进入"文字样式"对话框，如图3-9所示。选择"字体名"为仿宋；高度设置为3.5，其余为默认，单击"应用"按钮，在"样式"工具栏的下拉按钮中将出现"工程字"文字样式。

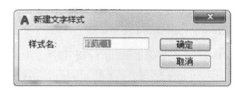

图3-8 "新建文字样式"对话框

图3-9 "文字样式"对话框

步骤11：注写标题栏中的文字

将"标注线"层置为当前，选择文字样式管理器中的"工程字"，单击"绘图"工具栏中的"多行文字"命令按钮 **A**，指定注写文字区域的对角线，系统弹出多行文字编辑器，在其顶部带标尺的文本框中输入汉字，如图3-10所示。

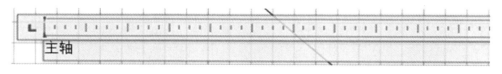

图3-10 多行文字编辑器

单击鼠标右键显示"光标"快捷菜单，在其中选择"段落对齐"级联菜单中的"居中"，如图3-11所示。

用相同的方法注写标题栏中的其他文字，如图3-12所示。

步骤12：保存文件，退出AutoCAD 2018

在菜单栏中单击"另存为"命令，可将文件以名为"标题栏"的图形文件（.dwg）进行保存，也可选择文件类型为"AutoCAD图形样板（*.dwt）"，以样板文件保存。

图3-11 "光标"快捷菜单

制图	(姓名)	(学号)	比例		材　料		图号	
审核					(校名、班级)			

图3-12 注写标题栏中的文字

3.8　上机实训

绘制如图 3-13 所示的装配图标题栏。

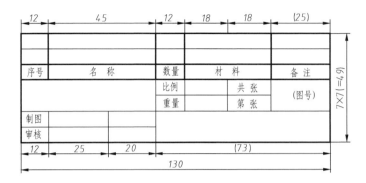

图 3-13　装配图标题栏

绘制平面图形（一）

知识要点

基本绘图命令——圆、圆弧

基本图形编辑命令——镜像

常用的编辑命令

精确绘图

综合实例

上机实训

4.1 基本绘图命令——圆

"圆"命令用于绘制整圆。在图 4-1 所示的"绘图"工具栏中，单击  按钮后，AutoCAD 2018 给出下列 6 种画圆的方法，如图 4-2 所示。

图 4-1 "绘图"工具栏

1）三点：三点确定一个圆。AutoCAD 2018 提示输入三点，创建通过这三个点的圆。

2）两点：用直径的两端点确定一个圆。AutoCAD 2018 提示输入直径的两端点。

3）切点、相切、半径：与两个对象相切，配合半径确定一个圆。AutoCAD 2018 提示选择两个对象，并要求输入半径。

4）圆心，半径：圆心配合半径确定一个圆。AutoCAD 2018 提示给定圆心和半径（默认方式）。

5）圆心，直径：圆心配合直径确定一个圆。AutoCAD 2018 提示给定圆心和直径。

6）相切、相切、相切：在系统提示下，依次选择三个相切的对象。

注意："相切、相切、相切："命令只有在菜单栏的"绘图"→"圆"的级联菜单中显示，在命令行没有提示。

图 4-2 "圆"工具条

4.2　基本绘图命令——圆弧

"圆弧"命令用于绘制一段圆弧，可以根据已知条件，用多种方法绘制圆弧。单击菜单栏中的"绘图"→"圆弧"按钮，系统提供了下列 10 种创建圆弧的方法，如图 4-3 所示。

1）三点：通过输入三个点的方式绘制圆弧。

2）起点，圆心，端点：以起始点、圆心、终点方式画弧。

3）起点，圆心，角度：以起始点、圆心、圆心角方式绘制圆弧。

4）起点，圆心，长度：以起始点、圆心、弦长方式绘制圆弧。

5）起点，端点，角度：以起始点、终点、圆心角方式绘制圆弧。

6）起点，端点，半径：以起始点、终点、半径方式绘制圆弧。

7）起点，端点，方向：以起始点、终点、切线方式绘制圆弧。

图 4-3　画"圆弧"工具条

8）圆心，起点，端点：以圆心、起始点、终点方式绘制圆弧。

9）圆心，起点，角度：以圆心、起始点、圆心角方式绘制圆弧。

10）圆心，起点，长度：以圆心、起始点、弦长方式绘制圆弧。

默认状态下，AutoCAD 2018 沿逆时针方向绘制圆弧。如果用直接按〈Enter〉键来响应第一次提问，则以上次所绘制线或圆弧的终点及方向作为本次所绘制圆弧的起点及起始方向。这种方法特别适用于绘制与上次所绘线或弧相切的圆弧。

4.3　基本图形编辑命令——镜像

"镜像"命令用于生成与源图形对称的目标图形。本命令的关键是确定对称直线，一定要确定直线上的两点。单击 按钮，如图 4-4 所示，命令行提示如下：

选择对象：（选取要镜像的对象）

指定镜像线的第一点：指定镜像线的第二点：　　（用户确定镜像第一点和第二点）

是否删除源对象？［是（Y）/否（N）］<N>：　　（如果不删除源图形，则直接按〈Enter〉键；若要删除源图形，应输入字母 Y 后再按〈Enter〉键）

图 4-4　"修改"工具栏

注意：在镜像文本时，为了使镜像后图形中的文本便于阅读，在调用镜像命令前，将系统变量 MIRRTEXT 的值设置为 0。操作方法：在命令行输入 MIRRTEXT 命令，重新为其赋值 0 或 1。

4.4 常用的编辑命令

1. 放弃命令

"放弃"命令用于取消上一次操作。在命令行输入 U，或在"标准"工具栏中单击 ⤺ 按钮，即可放弃上一次的操作。也可以通过组合键〈Ctrl+Z〉进行放弃操作。

2. 重做命令

"重做"命令用于恢复刚用"放弃"命令所放弃的操作。此命令必须在"放弃"命令执行结束后立即执行，方能生效。"重做"命令按钮为 ⤻，也可以通过组合键〈Ctrl+Y〉操作。

4.5 精确绘图

为了绘图时能精确定点，可调用常用的绘图辅助工具，包括间隔捕捉和栅格、正交等。若要修改相关选项数值，可打开"草图设置"对话框，在对话框中选择相关选项或修改相关选项的数值。

打开"草图设置"对话框的方法有很多种：可以单击菜单栏中的"工具"→"绘图设置"按钮，系统自动弹出对话框，如图 4-5 所示；也可以在状态栏中的 **捕捉设置...**、**正在追踪设置...**、和 **对象捕捉设置...** 三个选项卡中的任意一个选项卡上单击鼠标右键，即显示"光标"快捷菜单，再选择"设置"选项，即可以打开"草图设置"对话框。

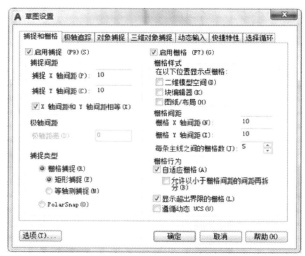

图 4-5 "草图设置"对话框

状态栏中有"捕捉和栅格""极轴追踪"和"对象捕捉"三个选项，用户可根据需要选择各选项。

4.5.1 捕捉和栅格

"捕捉和栅格"选项卡的"启用捕捉"选项区域的"捕捉 X 轴间距"和"捕捉 Y 轴间距"文本框用于控制捕捉步进间距；"捕捉 X 轴间距"和"捕捉 Y 轴间距"文本框用于控制捕捉基点坐标。在状态栏中单击"捕捉"按钮，可以用坐标直接拾取栅格点，但无法拾取栅格点之间的部分。

栅格类似于坐标系统里的坐标网格，"捕捉 X 轴间距"和"捕捉 Y 轴间距"用于控制栅格的疏密。单击"栅格"按钮，图形界限范围内将显示栅格点，无栅格点的部分在图形界限之外。如果栅格间距太小，系统将提示"栅格太密无法显示"。

4.5.2　正交模式

正交模式能将光标的移动限定在水平或垂直方向上，快速画出水平线和垂直线。在工具栏中单击 ⌐ 按钮即激活该选项。

4.5.3　极轴追踪

极轴追踪和正交的作用类似，当移动光标使直线呈垂直或倾斜状态时，会出现一条虚线，提示用户当前所画线段的长度和角度，但不会限制用户绘制水平线还是垂直线。可以在状态栏的"极轴追踪"选项卡的"极轴角设置"中设置"增量角"，以省略绘图时不必要的计算。

4.5.4　对象捕捉

对象捕捉功能可以辅助用户选定已绘制对象上的几何点，如端点、中点、圆心和交点等。将"草图设置"对话框中的"对象捕捉"选项卡置为当前，勾选各几何点前的复选框，即开启相应点的对象捕捉功能。也可以在状态栏中用鼠标右键单击 对象捕捉设置... 进行对象捕捉设置，如图4-6所示。完成设置后单击"确定"按钮即可。

此外，AutoCAD 2018 的也提供了"对象捕捉"工具条以及相应的菜单命令。在AutoCAD 2018 的任意一个工具条中单击鼠标右键，在弹出的菜单中选中"对象捕捉"命令，即可得到如图4-7所示的"对象捕捉"工具条。也可以在菜单栏的"视图"工具栏中调用此工具条，或者在绘图区域中执行"绘图"命令后，同时按住〈Shift〉键和鼠标右键，弹出此工具条，从中选择所需的选项即可。

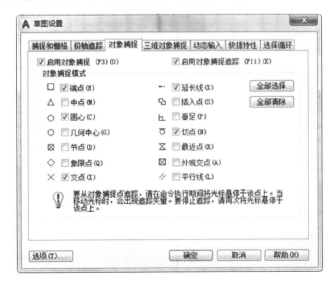

图4-6　"对象捕捉"选项卡　　　　　　　　图4-7　"对象捕捉"工具条

4.6 综合实例

4.6.1 实训目的和要求

1）绘制如图 4-8 所示的压盖平面图。

2）熟练掌握圆命令、圆弧命令的操作方法。

3）熟练应用修剪命令、镜像命令及偏移命令。

4）要求用 A4 图幅，竖放。

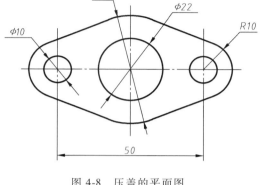

图 4-8 压盖的平面图

4.6.2 操作步骤

步骤 1：双击桌面上的快捷图标 ，启动 AutoCAD 2018

步骤 2：设置绘图环境

设置图形单位长度类型为"小数"，精度为"0.00"，图幅大小为 A4。

步骤 3：新建图层

新建粗实线层、细点画线层、标注线层。

步骤 4：绘制中心线

将"细点画线"层置为当前，分别绘制水平方向和垂直方向的中心线，如图 4-9 所示，注意调整细点画线的间距，要符合制图国家标准。

步骤 5：偏移处理

单击  按钮，选择垂直中心线，分别使其向左、向右各偏移 25mm，如图 4-10 所示。

图 4-9 绘制中心线   图 4-10 偏移处理

步骤 6：绘制圆

将"粗实线"层置为当前，单击 ⊙ 按钮，命令行提示：

命令：_circle 指定圆的圆心或［三点（3P）/两点（2P）/相切、相切、半径（T）］：

（指定圆心,打开对象捕捉,捕捉中间两条线的交点）

指定圆的半径或［直径（D）］<0.0>： 19 ↙ （输入圆的半径数值 19mm，也可以输入

D,再输入直径数值）

注意：如果要重复使用该命令，可按〈Enter〉键或空格键继续。

再次按〈Enter〉键，捕捉 ϕ38mm 圆的圆心，绘制 ϕ22mm 的圆。

用相同的方法，分别绘制 R10mm 的圆和 ϕ10mm 的圆，如图 4-11 所示。

步骤 7：绘制直线

单击　按钮，命令行提示：

命令：_line 指定第一点：

（此时同时按住〈Shift〉键和鼠标右键，弹出光标菜单，选择"切点"按钮，当在 ϕ20mm 圆上出现　图标时单击一下即可。调出"对象捕捉"工具条，单击　图标按钮，也可以得到同样的效果）

指定下一点或［放弃（U）］：　（用相同的方法捕捉另一个切点）

绘制另一条直线，如图 4-12 所示。

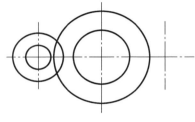

图 4-11　绘制圆

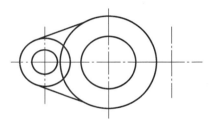

图 4-12　绘制直线

步骤 8：镜像处理

单击　按钮，命令行提示：

选择对象：　（选择 ϕ10mm 和 ϕ20mm 圆及两条切线）

指定镜像线的第一点：指定镜像线的第二点：　（在居中的中心线上拾取两端点）

是否删除源对象？［是（Y）/否（N）］<N>：↙

镜像结果如图 4-13 所示。

步骤 9：修剪处理

单击　按钮，以 4 条切线为剪切边，修剪 ϕ38mm 和 ϕ20mm 的圆，完成压盖的绘制，如图 4-14 所示。

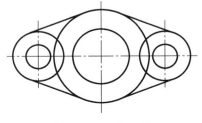

图 4-13　镜像处理

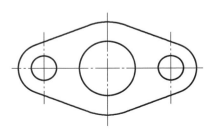

图 4-14　修剪处理

4.7 上机实训

绘制如图 4-15～图 4-17 所示的平面图形。

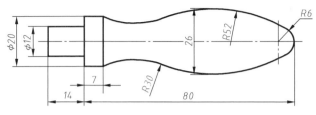

图 4-15 平面图形（一）

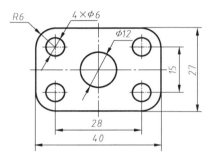

图 4-16 平面图形（二）

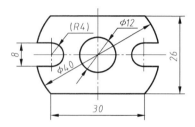

图 4-17 平面图形（三）

模块 5

绘制平面图形（二）

知识要点

基本绘图命令——正多边形、矩形
基本图形编辑命令——圆角、延伸
高级图形编辑命令
综合实例
上机实训

5.1　基本绘图命令——正多边形

"正多边形"命令用于绘制 3~1024 边的正多边形。在图 5-1 所示的"绘图"工具栏中，单击 ⬠ 按钮，命令行提示：

命令：_polygon 输入边的数目 <4>：　（输入正多边形的边数）

指定正多边形的中心点或［边（E）］：　（指定中心点，也可输入 E 指定边的两个端点）

输入选项［内接于圆（I）/外切于圆（C）］<I>：　（输入 I 内接于圆或输入 C 外切于圆）

指定圆的半径：（输入圆的半径）

注意：输入正多边形的边数→输入 E→指定边的第一个端点和第二个端点，即可画出正多边形。

图 5-1　"绘图"工具栏

5.2　基本绘图命令——矩形

"矩形"命令用于绘制矩形。使用本命令绘制的矩形平行于当前用户坐标系（UCS）。在图 5-1 所示的"绘图"工具栏中单击 ▭ 按钮，命令行提示：

指定第一个角点或［倒角（C）/标高（E）/圆角（F）/厚度（T）/宽度（W）］：　（输入其中的不同选项，可绘制出不同的矩形）

各选项的释义如下：

1）指定第一个角点：继续提示，通过确定矩形另一个角点来绘制矩形。

2）倒角（C）：给出倒角距离，绘制带倒角的矩形。

3）标高（E）：给出线的标高，绘制有标高的矩形。

4）圆角（F）：给出圆角半径，绘制有圆角半径的矩形。

5）厚度（T）：给出线的厚度，绘制有厚度的矩形。

6）宽度（W）：给出线的宽度，绘制有线宽的矩形。

5.3　基本图形编辑命令——圆角

"圆角"命令用于倒圆角，可在直线、圆弧、圆间按指定半径绘制圆角。在图 5-2 所示的"修改"工具栏中单击 按钮，命令行提示：

选择第一个对象或［多段线（P）/半径（R）/修剪（T）/多个（U）］：

各选项的释义如下：

1）选择第一个对象：提示用户选取第二个对象，并在两个对象之间进行圆角处理。

2）半径（R）：通过输入关键字母 R 来设定圆角半径（推荐）。

图 5-2　"修改"工具栏及其扩展工具栏

3）修剪（T）：控制是否修剪选择的边。

4）多个（U）：可以同时倒多个相同的圆角。

5）多段线（P）：用于对多段线进行圆角处理。对多段线创建的多边形倒角时，多段线的所有折角处同时被倒圆。

5.4　基本图形编辑命令——延伸

"延伸"命令用于以某些图元为边界，将另外一些图元延伸到此边界，可以将其看成修剪的反向操作。在图 5-2 所示的"修改"工具栏中单击 延伸按钮，命令行提示：

选择边界的边 ...

选择对象：　（选择边界边,选中的对象变成虚线）↙

选择要延伸的对象,或按住〈Shift〉键选择要修剪的对象 ↙

5.5　高级图形编辑命令

5.5.1　夹点图形编辑

AutoCAD 2018 对于用户直接选中的对象，在其特征点处将显示一个小方框作为标记，这些标记对象控制点的方框称为夹点。

用户选中待修改对象后，再移动光标到其中的一个小方块上单击，该夹点显示为红色填充的方框。用户也可以单击鼠标右键，从弹出的快捷菜单中选取相应的操作命令。使用夹点可以快速完成移动、镜像、旋转、缩放、拉伸（缩短）以及特性修改等操作。

5.5.2 夹点的设置

选择"工具"→"选项"命令，可在弹出的"选项"对话框的"夹点颜色"选项卡中完成夹点的设置，如图 5-3 所示。各选项释义如下：

1）显示夹点：选择该复选框将启动夹点；否则在选中对象后将不显示夹点。

2）在块中显示夹点：选择该复选框，当用户选中图块对象后，AutoCAD 2018 显示图块中所有对象的所有夹点；否则只在图块的插入点处显示一个夹点。

3）未选中夹点颜色：指定未被选中的夹点的颜色。

4）选中夹点颜色：指定选中的夹点（基夹点）的颜色。

5）夹点尺寸：可使用滑块来控制夹点的大小。

图 5-3 "选择"对话框

5.5.3 修改对象特性信息

AutoCAD 2018 对象特性包括图形对象特性、标注特性、文字特性以及因对象类型不同而异的其他一些特性，用户可以通过图 5-4 所示的对话框查询或修改对象特性信息。

图形对象特性　　　　　　　标注特性　　　　　　　文字特性

图 5-4 对象特性

选中修改对象后，单击鼠标右键调出快捷菜单，从中选取特性命令，或单击标准工具栏中的"特性"按钮 ，系统弹出如图5-4所示的对话框。在特性值后的编辑栏中直接修改对应数据，即可完成对象的修改。

5.6 综合实例

5.6.1 实训目的和要求

1）绘制如图5-5所示扳手的平面图形。

2）熟练掌握正多边形命令、圆角命令和延伸命令的操作方法。

3）掌握用高级编辑命令编辑图形的方法。

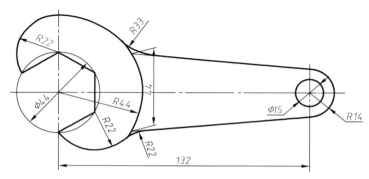

图5-5 扳手的平面图形

5.6.2 操作步骤

步骤1：双击桌面上的快捷图标 A，启动 AutoCAD 2018

步骤2：在新建的图形中设置绘图单位、图幅大小等（略）

步骤3：新建图层

新建粗实线层、细点画线层、细实线层、标注线层、辅助线层。

步骤4：绘制中心线

将"细点画线"层置为当前层，在适当的位置绘制垂直相交的一对中心线，用偏移命令偏移距离为132mm的另一竖直中心线。

步骤5：绘制多边形

单击图层下拉按钮，将"细实线"层置为当前层，绘制φ44mm的圆；将"粗实线"层置为当前层，绘制内接正六边形。

单击 按钮，命令行提示：

命令：_polygon 输入边的数目 <4>： 6↙（输入6）

指定正多边形的中心点或［边（E）］： （捕捉左边中心线的交点为中心点）

输入选项［内接于圆（I）/外切于圆（C）］<I>： ↙（默认为内接于圆,直接按〈Enter〉键）

指定圆的半径：（在细实线圆与垂直中心线的交点上单击，自动获得半径，如图 5-6 所示）

图 5-6　绘制正六边形

步骤 6：绘制圆

单击"圆"命令，捕捉左边中心线的交点确定圆心位置，分别绘制 $R22mm$、$R44mm$ 的圆。

步骤 7：绘制圆

单击"圆"命令，捕捉右边中心线的交点确定圆心位置，分别绘制 $R14mm$、$\phi15mm$ 的圆，如图 5-7 所示。

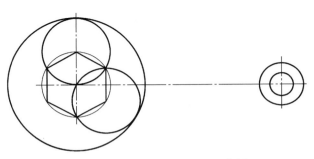

图 5-7　绘制 $R14mm$、$\phi15mm$ 的圆

步骤 8：修剪多余的图线

单击"修剪"命令，修剪多余的图线。如果不能修剪，则单击"删除"按钮进行删除。修剪完毕的图形如图 5-8 所示。

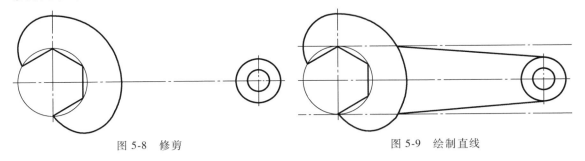

图 5-8　修剪　　　　　　　　　　　　图 5-9　绘制直线

步骤 9：偏移水平中心线

单击"偏移"命令，将水平中心线分别向上、向下偏移 22mm，与 $R44mm$ 分别交于两点。

步骤 10：绘制直线

打开"对象捕捉"命令，在"对象捕捉设置"中，在复选框 ⌀ ☑切点(N) 中勾选切点；单击"直线"命令，捕捉向上偏移后的水平中心线与 $R44mm$ 圆的交点，指定下一点在 $R14mm$ 的圆弧上，当出现图标切点 ⌀ 时，单击即可。用相同的方法绘制另一条直线，完成后如图 5-9

所示。

步骤11：删除偏移的辅助线

步骤12：倒圆角

单击"圆角"命令，命令行提示：

选择第一个对象或〔多段线(P)/半径(R)/修剪(T)/多个(U)〕： r↙（指定半径）

指定圆角半径 <0.0>： 33 ↙ （输入圆角半径33mm）

选择第一个对象或〔多段线(P)/半径(R)/修剪(T)/多个(U)〕： （选择要倒圆角的对象）

用相同的方法倒 $R22mm$ 的圆角，如图 5-10 所示。

步骤13：补画 $R44mm$ 的圆，修剪图形，删除多余的线

步骤14：调整图线

拾取中心线，单击夹点，待拾取的夹点变成红色后，按制图国家标准拉伸和缩短图线的长度。

步骤15：设置线型比例

拾取中心线，单击鼠标右键，选择"特性"，在"线型比例"栏输入小于1的数值（默认线型比例为1），具体设置按实际图线显示而定，如图 5-11 所示。

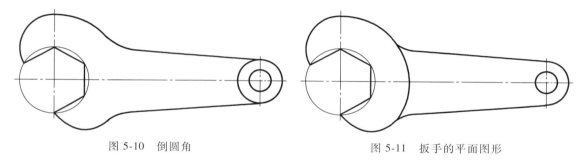

图 5-10　倒圆角　　　　　　　　　　　图 5-11　扳手的平面图形

步骤16：保存文件

5.7　上机实训

绘制如图 5-12 所示的平面图形。

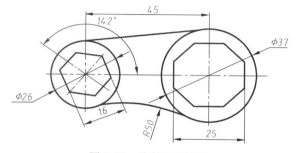

图 5-12　绘制平面图形

绘制平面图形（三）

知识要点

基本绘图命令——椭圆

基本图形编辑命令——复制、打断

综合实例

上机实训

6.1 基本绘图命令——椭圆

"椭圆"命令用于生成椭圆或椭圆弧。当系统变量 PELLIPSE = 0 时，生成真正的椭圆或椭圆弧；当系统变量 PELLIPSE = 1 时，用多段线近似生成椭圆。在图 6-1 所示的"绘图"工具栏中，单击"椭圆"按钮 ，命令行提示：

指定椭圆的轴端点或 [圆弧(A)/中心点(C)]：

1）指定椭圆的轴端点：利用椭圆某一轴的两个端点的位置以及另一轴的半长绘制椭圆。

2）中心点（C）：利用椭圆的中心坐标及某一轴的一个端点的位置和另一轴的半长绘制椭圆。

图 6-1 "绘图"工具栏

6.2 基本图形编辑命令——复制

"复制"命令用于复制绘图区的图形。在图 6-2 所示的"修改"工具栏中，单击"复制"按钮 ，命令行提示：

选择对象： （选择要复制的对象↙）

指定基点或位移，或者 [重复(M)]： （确定基点，可用光标定位、坐标值定位、对象捕捉等方式准确定位）

指定位移的第二点或 <用第一点作位移>：

（确定位移的第二点，即复制对象后基点的位

图 6-2 "修改"工具栏及其扩展工具栏

置，或输入位移值）

6.3 基本图形编辑命令——打断

"打断"命令用于将线、圆、弧和曲线断开为两部分。在图 6-2 所示的"修改"工具栏中，单击"打断"按钮，AutoCAD 2018 提示选择要断开的目标，拾取对象的第一断开点，命令行提示，"指定第二个打断点或［第一点(F)］"，拾取对象的第二断开点。在进行打断操作的过程中要注意以下两点：

1）断开圆时要注意两点的顺序，AutoCAD 2018 总是依逆时针方向打断。

2）第二点不一定要位于图元上。如果第二点位于图元内侧，AutoCAD 2018 会自动找到图元上离该点最近的点；如果第二点位于图元的外侧，则拾取离第二点最近的端点，并将它们之间的部分清除。

6.4 综合实例

6.4.1 实训目的和要求

1）绘制图 6-3 所示平面图形。

2）熟练掌握椭圆的绘制方法。

3）熟练应用打断命令、复制命令。

6.4.2 绘图步骤

步骤 1：双击桌面上的快捷图标 **A**，启动 AutoCAD 2018

步骤 2：在新建的图形中，设置绘图单位、图幅大小等内容（略）

步骤 3：新建图层

新建粗实线层、细点画线层、细实线层、标注线层。

步骤 4：绘制中心线

使用"直线"命令绘制椭圆的中心线，用"偏移"命令把水平中心线向上偏移 60mm，垂直中心线向左、向右分别偏移 35mm。

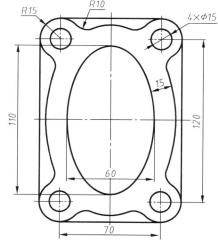

图 6-3 绘制平面图形

步骤 5：打断中心线

单击"打断"按钮，命令行提示：

命令：_break 选择对象：（选择中心线上需要打断的第一点）

指定第二个打断点或［第一点（F）］：（在需要打断的线上单击）

步骤 6：绘制椭圆

将"粗实线"层置为当前层，单击"椭圆"按钮，命令行提示：

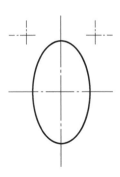

指定椭圆的轴端点或［圆弧（A）/中心点（C）］： C ✓（输入C，指定中心点）

指定轴的端点： 30 ✓   （在 X 轴为极轴的状态下，输入30mm）

指定另一根半轴长度或［旋转（R）］：   55 ✓   （绘制如图6-4所示图形）

图 6-4   绘制椭圆

步骤 7：偏移椭圆

单击"偏移"按钮，将所画的椭圆向外偏移 15mm。

步骤 8：绘制圆

使用"圆"命令绘制 ϕ15mm 的圆和 R15mm 的圆。

步骤 9：复制圆（绘图方法可根据实际情况而定）

单击"复制"按钮，选择对象为 ϕ15mm 的圆和 R15mm 的圆，拾取圆心为基点，将其复制到中心线的交点即可，如图 6-5 所示。

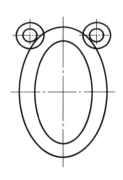

步骤 10：绘制公切线

单击"直线"按钮，绘制公切线。切点用捕捉切点的方法获得。

步骤 11：倒圆角

单击"圆角"按钮，在命令行输入 T，在修剪模式中设置为不修剪，即输入 N。

分别倒 R10mm 的圆角，如图 6-6 所示。

步骤 12：修剪

单击"修剪"按钮，修剪多余的图线，完成后如图 6-7 所示。

图 6-5   复制圆

步骤 13：镜像图形

单击"镜像"按钮，以水平中心线为界镜像图形，镜像结果如图 6-8 所示。

步骤 14：用夹点命令调整图线，并保存图形

选择需要调整的线型，可以伸长或缩短。单击鼠标右键，在"特性"对话框中调整"线型比例"，按国家标准规定调整。调整后保存图形。

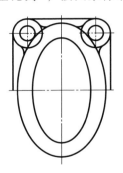

图 6-6   倒圆角

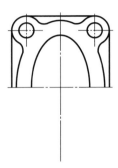

图 6-7   修剪图线

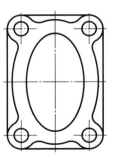

图 6-8   镜像图形

6.5   上机实训

按要求绘制图 6-9 所示的平面图形。

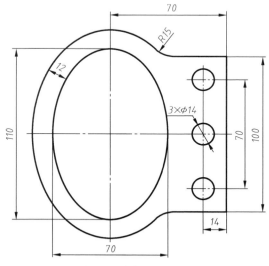

图 6-9   绘制平面图形

尺 寸 标 注

知识要点

设置标注样式
常用尺寸标注类型
综合实例
上机实训

7.1 设置标注样式

所谓标注样式就是用以控制标注线、标注文字、尺寸界线和尺寸箭头等外观形式的一组标注系统变量的集合。绘图前必须要对这些变量值进行设置,控制尺寸标注的外观表现,使尺寸标注符合国家标准。

AutoCAD 2018 绘图系统提供了一系列标注样式,存放在 ACADIDO. DWT 样板中,用户可以通过"标注样式管理器"对话框完成各种标注样式的创建。

选择"格式"→"标注样式"命令,或者单击"标注样式"按钮 ,系统弹出如图 7-1 所示的"标注样式管理器"对话框。用户可以通过该对话框"新建""修改"或"替代"一个标注样式,也可对两个标注样式进行"比较",或将标注时所用的标注样式"置为当前"。

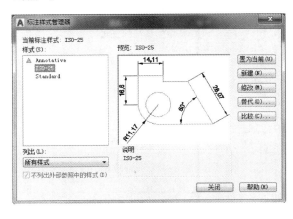

图 7-1 "标注样式管理器"对话框

图 7-2 "创建新标注样式"对话框

7.1.1 新建尺寸样式

在"标注样式管理器"对话框中单击"新建"按钮，系统弹出如图 7-2 所示的"创建新标注样式"对话框。在"新样式名"文本框中输入"线性尺寸"，在"基础样式"下拉列表框中选择"ISO-25"选项，在"用于"下拉列表框中选择"所有标注"选项，单击"继续"按钮，系统弹出如图 7-3 所示的"新建标注样式"对话框。该对话框中共有线、符号和箭头、文字、调整、主单位、换算单位、公差 7 个选项卡，可以分别完

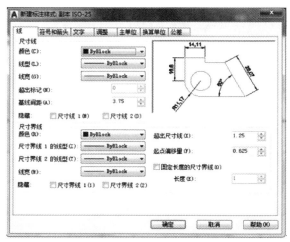

图 7-3 "新建标注样式"对话框

成尺寸界线、尺寸数字、尺寸标注形式以及公差形式的设置。

7.1.2 设置直线和箭头

1. 设置尺寸线

对于机械零件图，"尺寸线"选项区域中的"颜色"和"线宽"均设置为"随层（By-Block）"。"基线间距"列表框用于控制基线标注时两条尺寸线之间的距离，与尺寸文字的高度有关，对使用 3.5 号字的图样，可以设置为"5"。在"隐藏"选项中选择"尺寸线 1"或"尺寸线 2"复选框，可以显示或隐藏尺寸线。这种用法比较特殊，仅在个别情况下才使用，故一般保持默认设置。

2. 设置尺寸界线

与尺寸线一样，"尺寸界线"选项区域中的"颜色"和"线宽"均设置为"随层（By-Block）"。"超出尺寸线"列表框用于控制尺寸界线超出尺寸线部分的长度，国家标准中没有详细规定，取默认值"1.25"即可。"起点偏移量"列表框用于确定尺寸界线的实际起始点超出其定义点的偏移距离。根据国家标准规定，此项应设置为 0。"隐藏"选项与"尺寸线"选项区域中的"隐藏"选项设置方法相同。

3. 设置箭头

通常情况下，尺寸线末端采用实心箭头，故将"第一个""第二个"和"引线"3 个下拉列表框均设置为"实心闭合"，如图 7-4 所示，在特殊情况下可以选择其他箭头设置。箭头大小与文字大小相关，对使用 3.5 号字的标注，将其设定为"2.5"。

4. 设置圆心标记

"圆心标记"选项区域用于设置圆心标记的类型和大小，国家标准一般不使用圆心标

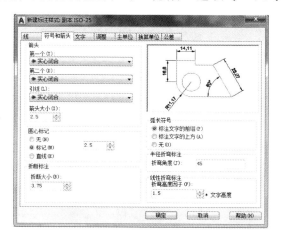

图 7-4 "符号和箭头"选项卡

记，因此将"类型"设置为"无"，"大小"为非激活状态。

7.1.3 设置文字

在图 7-5 所示的"文字"选项卡中，有"文字外观""文字位置"和"文字对齐"3 个选项区域。为完成文字设置，首先要创建"文字样式"。如果用户尚未完成"文字样式"的创建，则可单击"文字样式"下拉列表框右边的按钮 ，在弹出的"文字样式"对话框中创建样式名 standard（默认），字体名为 gbeitc.shx（推荐），宽度因子可设置为 0.7，如图 7-6 所示。

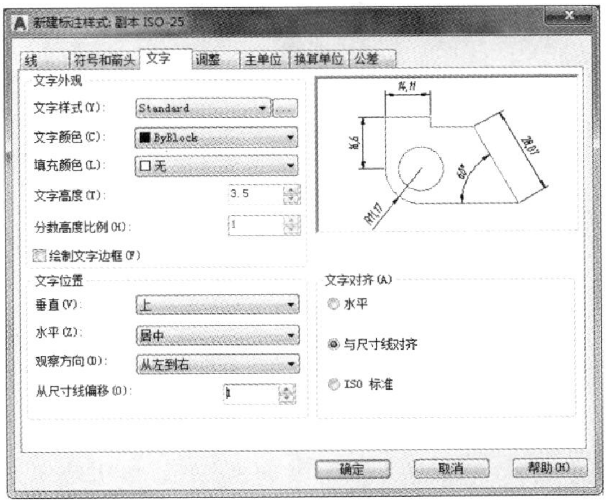

1. 设置文字外观

将"文字样式"设定为"Standard"，"文字颜色"设定为"ByBlock"，"文字高度"设定为"3.5"（推荐），如图 7-5 所示。

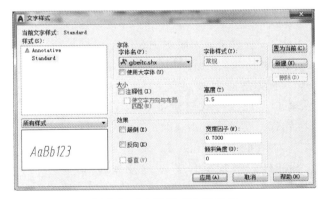

图 7-5 "文字"选项卡

2. 设置文字位置

将"垂直"方向设定为"上"，"水平"方向设定为"居中"。"从尺寸线偏移"选项用于控制文字离开尺寸线的位置，以便用户看图，按标准设定为"1"。

3. 设置文字对齐

按国家标准，一般选择"与尺寸线对齐"单选按钮。如果需要，也可以选择"ISO 标准"单选按钮。若用户要求强制文字水平标注时，则选择"水平"单选按钮。

图 7-6 "文字样式"对话框

7.1.4 调整

"调整"选项卡如图 7-7 所示，用于控制尺寸文字、尺寸线和尺寸箭头的位置，共有"调整选项""文字位置""标注特征比例"和"优化"4 个选项区域。"调整"选项卡的设置需要一定的使用经验，系统默认设置已经能够满足大部分标注需要，初学者保持默认选项即可。

7.1.5 修改标注样式

标注样式设定完成后，可能会出现与设计者意图不同的地方，故 AutoCAD 2018 提供了对标注样式进行修改的功能。首先拾取需要修改的标注样式，再单击"标注样式管理器"对话框中的"修改"按钮，系统弹出"修改标注样式"对话框。其中各选项卡的内容及操

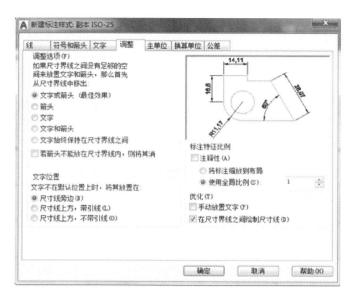

图 7-7 "调整"选项卡

作方法与"新建标注样式"对话框完全相同，不再重复介绍。

7.1.6　替代标注样式

对于一个图样中不同极限偏差的尺寸标注，如果针对每个极限偏差形式都设置一种标注

样式，工作量将增加，但并没有必要。此时，可以先选中被替代的标注样式，然后单击"标注样式管理器"对话框中的"替代"按钮，在弹出的"替代当前样式"对话框中进行设置，如图 7-8 所示。标注样式替代操作与新建样式操作的对话框相同，但不必做全面的设置，仅需要对少数内容进行更改。

图 7-8 "替代当前样式"对话框

利用标注样式替代功能可以快速地完成一个只更改少量标注内容的尺寸的标注。一个样式可以有多个替代样式同时存在于图形中，但一个样式修改后只能以最后修改的样式呈现在图形中。再次将基础样式设置为当前时，替代样式将被删除，但利用标注样式替代标注完成的尺寸不会被更新。

7.2　常用尺寸标注类型

AutoCAD 2018 所有的尺寸命令都有菜单和工具栏两种形式，分别集中在"标注"下拉

菜单和工具栏中。"标注"工具栏在默认状态下是不显示的，用户可以在任一工具栏中单击鼠标右键，从弹出的快捷菜单中选择"标注"命令，也可以在下拉菜单"视图"→"工具栏"中选择"标注"，打开如图7-9所示的"标注"工具栏。

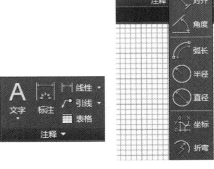

图7-9　"标注"工具栏及其扩展栏

7.2.1　线性标注

"线性标注"命令用于水平或垂直尺寸的标注。单击"线性"按钮，命令行提示：

指定第一条尺寸界线原点或 <选择对象>：
（用对象捕捉指定第一点）

指定第二条尺寸界线原点：　（指定第二点）

用户在确定尺寸线位置前，系统有新的提示：

［多行文字（M）/文字（T）/角度（A）/水平（H）/垂直（V）/旋转（R）］：　（输入对应的选项，如果不进行修改，直接确定尺寸线位置）

各选项的含义如下：

1）多行文字（M）：允许用户通过"多行文本编辑器"输入新的尺寸数值，以代替系统测量值。

2）文字（T）：与多行文字（M）选项功能相同，只是通过命令行输入标注文字。

3）角度（A）：通过命令行输入角度值，将尺寸文字标注为与尺寸线成一定的角度。

4）水平（H）或垂直（V）：将标注类型切换为水平标注或垂直标注。

5）旋转（R）：通过命令行输入角度值，将尺寸界线旋转一个角度。

7.2.2　对齐标注

"对齐"命令（按钮）用于创建尺寸与图形中的轮廓相互平行的尺寸标注。对齐标注的操作步骤和选项与线性标注相同，不再赘述。

7.2.3　半径标注

"半径"命令用于圆或圆弧的半径尺寸的标注。单击"半径"按钮，系统提示：

选择圆弧或圆：　（选择对象,标注为默认值）

指定尺寸线位置或［多行文字（M）/文字（T）/角度（A）］：

根据命令行提示，移动光标使半径尺寸文字移动至合适位置，再单击指定尺寸线位置，即完成半径标注。此命令中系统提供的3个选项的功能和操作方法与线性标注相同。

7.2.4　直径标注

"直径"命令（按钮）用于圆或圆弧的直径尺寸的标注。其操作步骤与半径标注相同。

7.2.5　角度标注

"角度"命令用于圆弧包角、两条非平行线的夹角以及三点之间夹角的标注。单击"角度"按钮 △，系统提示：

$\boxed{\text{选择圆弧、圆、直线或 <指定顶点>：}}$（选择标注对象）

$\boxed{\text{指定标注弧线位置或〔多行文字（M）/文字（T）/角度（A）〕：}}$ A（输入字母 A）

$\boxed{\text{指定标注文字的角度：}}$ 1（根据经验，输入角度"1"，目的是要求角度标注样式符合要求）

系统提示中的〔多行文字（M）/文字（T）/角度（A）〕的功能和操作方法与线性标注相同。单击确定弧线位置，即完成角度标注。

7.3　综合实例

7.3.1　实训目的及要求

1）标注图 7-10 所示图形中的尺寸。
2）熟练掌握标注样式的设置和修改方法。

7.3.2　绘图步骤

步骤 1：建立"一般标注"样式

单击菜单栏"格式"中的"标注样式"按钮，弹出"标注样式管理器"对话框，如图 7-1 所示。

单击"新建"按钮，在弹出的"创建新标注样式"对话框中的"新样式名"中输入"一般标注"，如图 7-11 所示，单击"继续"按钮对标注样式进行设置。

单击"文字"选项卡中的"文字样式"下拉列表框右边的 ... 按钮，设置文字样式，选择文字名为 gbeitc.shx 的字体，字高按国家标准选择（推荐使用 3.5），单击"确定"按钮即可。在【文字】选项的"文字高度"栏设置高度 3.5。其余为默认。

步骤 2：用相同的方法，创建"引出标注"

在设置"引出标注"时，在"文字"选项卡的"文字对齐"选项区域选择"ISO 标准"；在"调整"

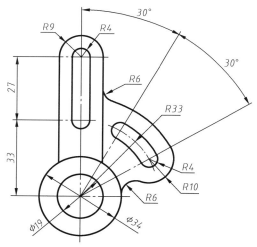

图 7-10　标注尺寸

图 7-11　新建标注样式

选项卡的"文字位置"选项区域选择"尺寸线旁边",其余为默认。

步骤3:标注尺寸

将"一般标注"置为当前,标注线性尺寸和角度尺寸及直径尺寸;将"引出标注"置为当前,标注所有引出标注的半径尺寸。

7.4　上机实训

标注图 7-12~图 7-14 所示平面图形的尺寸。

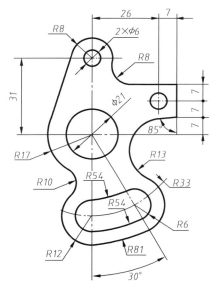

图 7-12　标注平面图形尺寸(一)

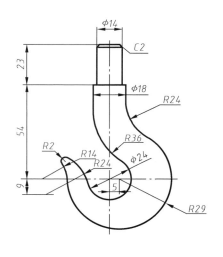

图 7-13　标注平面图形尺寸(二)

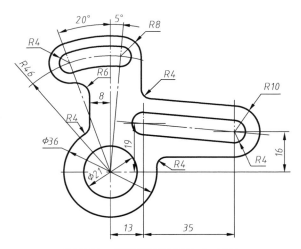

图 7-14　标注平面图形尺寸(三)

曲柄类零件图的绘制

知识要点

基本绘图命令——构造线

基本图形编辑命令——图案填充、旋转、移动

综合实例

上机实训

8.1 基本绘图命令——构造线

"构造线"命令用于创建一条无限长的构造线，作为用户绘制等分角、等分圆等图形的辅助线。在图 8-1 所示的"绘图"工具栏中单击"构造线"按钮 ，命令行提示：

命令：_xline 指定点或［水平（H）/垂直（V）/角度（A）/二等分（B）/偏移（O）］: （直接单击指定一个点，系统给出新的提示）

指定通过点： （再次单击指定点即完成一条辅助线的创建）

各选项释义如下：

1）水平（H）：默认辅助线为水平线，单击一次创建一条水平辅助线，直到用户单击鼠标右键或按〈Enter〉键结束。

2）垂直（V）：默认辅助线为垂直线，单击一次创建一条垂直辅助线，直到用户单击鼠标右键或按〈Enter〉键结束。

3）角度（A）：创建一条用户指定角度的倾斜辅助线，单击一次创建一条倾斜辅助线，直到用户单击鼠标右键或按〈Enter〉键结束。

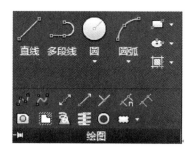

图 8-1 "绘图"工具栏

4）二等分（B）：让用户先指定一个角的顶点，再分别确定此角两条边的两个点，从而创建一条辅助线。该辅助线通过用户指定的顶点，并平分该角。

5）偏移（O）：创建平行于另一个实体的辅助线，类似于偏移命令。选择的另一个实体可以是一条辅助线、直线或复合线实体。

8.2 基本图形编辑命令——图案填充

"图案填充"命令用于绘制剖面线和剖面符号，表现表面纹理或涂色。在图 8-1 所示的"绘图"工具栏中单击 按钮，弹出如图 8-2 所示的"边界图案填充"对话框。

图 8-2 "边界图案填充"对话框

在"图案填充"选项卡中，单击"图案填充图案"按钮，弹出如图 8-3 所示的"填充图案选项板"对话框。

对于金属零件，一般选用"ANSI31"图案，单击所选图案后，关闭对话框。接下来应指定在何处填充图案，AutoCAD 2018 提供了以下两种确定填充边界的方法。

1）拾取点 ：通过选取封闭图形中一个点的方法，完成该封闭图形的图案填充。

2）选择"边界"指令：通过选取对象的方式，形成一个封闭的区域，完成该封闭区域的图案填充。

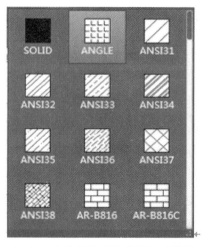

图 8-3 "填充图案选项板"对话框

8.3 基本图形编辑命令——旋转

"旋转"命令用于将图形对象围绕某一基准点做旋转。在图 8-4 所示"修改"工具栏中单击"旋转"按钮 ，系统提示：

选择对象： （选择要旋转的对象）

指定基点： （指定一点作为基点）

指定旋转角度或〔参照(R)〕：

此时用户可以进行如下选择：

1）直接给出旋转角度值，使对象按指定角度旋转。

2）给出一点的位置，AutoCAD 2018 计算该点和基准点的连线与水平线间的夹角，并以此角度为旋转的角度。

3）输入 R，设置参照角度，按 AutoCAD 2018 提

图 8-4 "修改"工具栏

示，分别输入参考角度和新角度，将以参考角度为旋转起始角度，以新角度作为旋转的角度值旋转图形对象。

8.4 基本图形编辑命令——移动

"移动"命令用于将图形对象从一个位置移动到另一个位置。在图 8-4 所示"修改"工具栏中单击"移动"按钮 ✛，命令行提示：

选择对象： （选择所要移动的对象）↙

指定基点或位移： （选定基点）

指定位移的第二点或 <用第一点作位移>： （移动光标定位后单击，也可键入移动的矢量后按〈Enter〉键）

8.5 综合实例

8.5.1 实训目的和要求

1）绘制如图 8-5 所示曲柄的零件图，并标注尺寸。
2）掌握构造线命令在辅助绘图中的应用。
3）熟练掌握图案填充命令、旋转命令和移动命令的操作方法。

8.5.2 绘图步骤

步骤 1：双击桌面上的快捷图标 **A**，启动 AutoCAD 2018

步骤 2：在新建的图形中设置绘图单位、图幅大小等内容（略）

步骤 3：新建图层

新建粗实线层、细点画线层、细实线层、标注线层和辅助线层。

步骤 4：绘制中心线

使用"直线"命令绘制主视图的中心线，用"偏移"命令把水平中心线向上偏移 48mm，垂直中心线向右偏移 48mm。

步骤 5：绘制轴孔

使 用 " 圆 " 命令分别绘制 $\phi20$mm、$\phi10$mm、$\phi32$mm 的 圆，如图 8-6 所示。

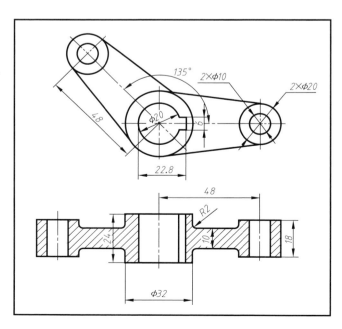

图 8-5　曲柄的零件图

步骤6：绘制公切线，如图8-7所示

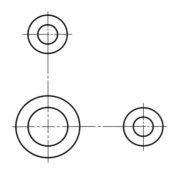

图8-6　绘制轴孔

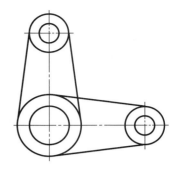

图8-7　绘制公切线

步骤7：旋转曲柄

单击 ⟳ 按钮，选择对象为垂直的曲柄，选择大圆心为基点，旋转45°，如图8-8所示。

步骤8：补画垂直中心线

步骤9：绘制键槽

向上、向下偏移水平中心线3mm，向右偏移垂直中心线12.8mm，绘制键槽。

步骤10：修剪多余线条

修剪多余的线条，调整线型比例，满足规定要求。

步骤11：转换图线，完成主视图的绘制，如图8-9所示

把绘制键槽的中心线转换为粗实线。

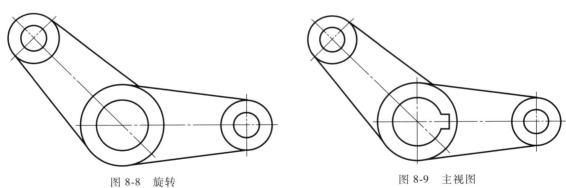

图8-8　旋转

图8-9　主视图

步骤12：绘制俯视图中心线

在俯视图的适当位置绘制一条水平的中心线作为俯视图的基准线。

步骤13：作垂直辅助线

将"辅助线"层置为当前，单击 ✎ 按钮，绘制垂直辅助线，如图8-10所示。

步骤14：偏移宽度尺寸，进行修剪

在俯视图上偏移宽度尺寸，然后进行修剪。

步骤15：转换图线

将偏移的中心线按要求转换为粗实线。

步骤16：倒圆角

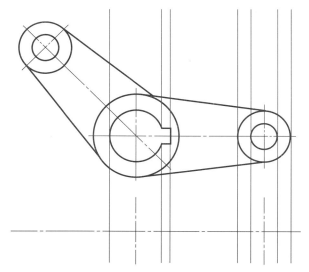

图 8-10　绘制垂直辅助线

单击"圆角"按钮，倒 $R2mm$ 的圆角，如图 8-11 所示。

步骤 17：镜像

选择"镜像"命令，将绘制好的右半部分镜像到左半部分，删除键槽的线，补画键槽孔线，删除俯视图中的水平中心线，如图 8-12 所示。

步骤 18：图案填充

选择"图案填充"命令，选择金属材料的剖面符号，用拾取点的方法拾取封闭框，进行填充，如图 8-13所示。

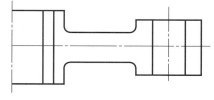

图 8-11　倒圆角

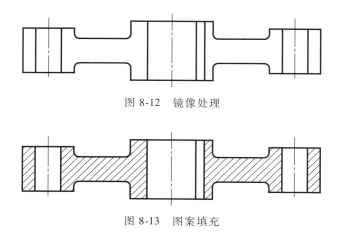

图 8-12　镜像处理

图 8-13　图案填充

步骤 19：标注尺寸

按要求标注尺寸，应满足机械制图国家标准。

步骤 20：绘制边框

步骤 21：保存图形

8.6　上机实训

按要求绘制图 8-14 和图 8-15 所示的平面图形，并标注尺寸。

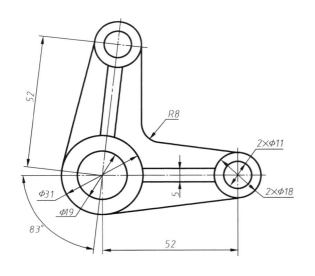

图 8-14　平面图形（一）

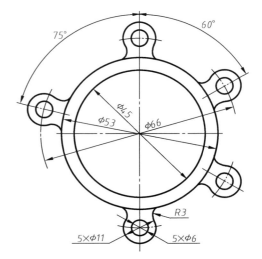

图 8-15　平面图形（二）

轴类零件图的绘制

知识要点

基本绘图命令——样条曲线

基本图形编辑命令——倒角

尺寸公差的标注

综合实例

上机实训

9.1 基本绘图命令——样条曲线

"样条曲线"命令可以通过空间一系列给定点生成光滑的曲线，用于在绘制局部视图、局部剖视图、局部放大图时画波浪线。在图9-1所示的"绘图"工具栏中单击"样条曲线"按钮 ~，命令行提示：

指定第一个点或［对象（O）］：

指定下一点：

指定下一点或［闭合（C）/拟合公差（F）］

<起点切向>：（移动光标拾取点，在屏幕上指定若干个点，单击鼠标右键，结束对象拾取）

命令行提示：

指定起点切向：（移动光标确定切线方向，或输入切点角度）

命令行提示：

指定端点切向：（按相同方式给定切向角度，结束样条曲线的绘制）

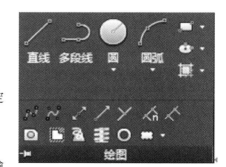

图9-1 "绘图"工具栏

9.2 基本图形编辑命令——倒角

"倒角"命令用于对两条直线边倒棱角，倒棱角的参数可用以下两种方法确定：

1）距离方法：由第一倒角距和第二倒角距确定。

2）角度方法：由第一直线的倒角距和倒角角度确定。

在图9-2所示的"修改"工具栏中单击"倒角"按钮 ，命令行提示：

选择第一条直线或［多段线（P）/距离（D）/角度（A）/修剪（T）/方式（M）/多个（U）］：

图9-2　"修改"工具栏

各选项含义如下：

① 多段线（P）：对多段线进行倒角处理。对由多段线创建的多边形进行倒角操作时，多段线的所有折角同时被倒角。

② 距离（D）：设定倒角距离。设定倒角距离时，两条线的距离可以不等。当设定的两倒角距离太大时，AutoCAD 2018将提示"距离太大"。

③ 角度（A）：通过指定一条线的距离和角度的方式设定倒角距离。

④ 修剪（T）：控制是否修剪所要倒角的线段。

⑤ 方式（M）：控制使用距离（D）还是角度（A）进行倒角操作。

选择第一条直线：系统将提示输入第二条线，在两条线之间进行倒角操作。

9.3　尺寸公差的标注

9.3.1　标注公差带代号

在正确建立标注样式的基础上，可用下列几种方法进行标注。

1）在执行"尺寸标注"命令后，用拾取靶拾取对象→输入T→按\<Enter\>键→按要求输入文本→按\<Enter\>键→用光标定位后单击。

2）在执行"尺寸标注"命令后，用拾取靶拾取对象→输入M→按\<Enter\>键→在"文字格式"对话框中的测量数据前面输入特殊字符，按\<Enter\>键即可。测量数据可以进行修改。推荐使用此方法。

3）如图9-3所示，在"修改标注样式"对话框中的"主单位"选项卡的

图9-3　"主单位"选项卡

"前缀"选项中输入%%c（表示φ），在"后缀"选项中输入"（上偏差^下偏差）"，"执行线性尺寸标注"命令，命令行提示：指定第一条尺寸界线起点或<选择对象>。用捕捉端点或交点的方法拾取第一条尺寸界线起点，命令行提示：指定第二条尺寸界线起点。用捕捉端点交点的方法拾取第二条尺寸界线的起点（也可以直接按<Enter>键，用拾取靶拾取所标尺寸的线段），命令行提示：指定尺寸线位置（多行文字（M）/文字（T）/角度（A）/水平（H）/垂直（V）/旋转（R））时，移动光标使尺寸位于合适位置后单击。一般不推荐此方法。

9.3.2　标注特殊字符

在图形中书写文字时，除了可以输入汉字、英文字符、数字和常用符号外，AutoCAD 2018还提供了控制码及部分特殊字符，如圆的直径符号、度数符号、正负公差符号等。这些符号不能直接从键盘输入，要使用控制码设置，控制码的定义见表9-1。

表 9-1　控制码的定义

代码	定义	输入实例	输出结果
%%o	文字上划线开关	%%o123.5	$\overline{123.5}$
%%u	文字下划线开关	%%u 123.5	$\underline{123.5}$
%%d	书写"度"的符号	123.5%%d	123.5°
%%P	书写"正负公差"的符号	%%P123.5	±123.5
%%c	书写"圆直径"的符号	%%c 123.5	φ123.5

9.3.3　标注极限偏差

标注极限偏差的方式有很多种，本书只介绍最直接有效的一种方式，即在多行文本编辑器中书写。

执行"尺寸标注"命令后，用拾取靶拾取对象→输入M→按<Enter>键（显示如图9-4所示）→在文本编辑器中的尺寸前面输入特殊字符，在尺寸后面输入"（）"，在"（）"中输入上极限偏差，再输入分隔符"^"，然后输入下极限偏差，即可完成极限偏差的标注。

图 9-4　"标注极限偏差样式"对话框

9.4　综合实例

9.4.1　实训目的和要求

1）绘制如图9-5所示轴的零件图。

2）熟练掌握样条曲线的绘制方法和倒角命令的用法。

3）熟练标注尺寸。

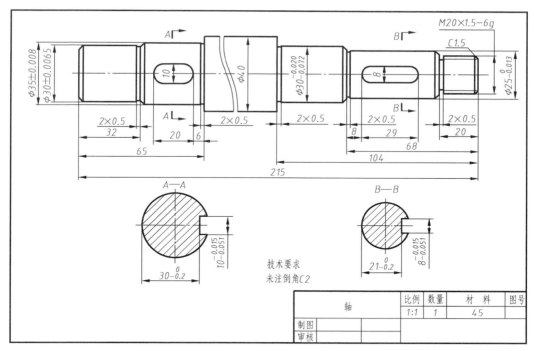

图 9-5   轴零件图

9.4.2   绘图步骤

步骤 1：新建图层

新建粗实线层、中心线层、细实线层、标注线层。

步骤 2：绘制中心线

步骤 3：绘制轮廓线，如图 9-6 所示

图 9-6   绘制轮廓线

步骤 4：拉长两端中心线

步骤 5：延伸，如图 9-7 所示

图 9-7   延伸

步骤 6：倒角

单击"倒角"按钮，命令行提示：

选择第一条直线或 [多段线（P）/距离（D）/角度（A）/修剪（T）/方式（M）/多个（U）]：D

（输入 D 确定距离）

指定第一个倒角距离 <0.0000>：2

指定第二个倒角距离 <0.0000>：2

拾取要倒的角，按<Enter>键重复倒角，如图9-8所示。

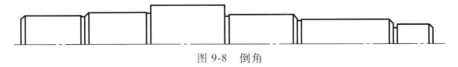

图9-8　倒角

步骤7：补画倒角的线

步骤8：进行镜像处理，如图9-9所示

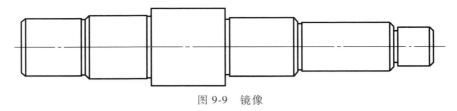

图9-9　镜像

步骤9：绘制键槽，如图9-10所示

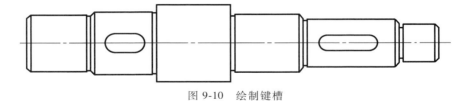

图9-10　绘制键槽

步骤10：用样条曲线绘制断裂部分

将"细实线"层置为当前，单击"样条曲线"按钮，在φ40mm的轴颈上任意指定几点，然后单击"偏移"按钮，把所绘制的样条曲线偏移2mm，然后进行修剪，即绘制出断裂部分，如图9-11所示。

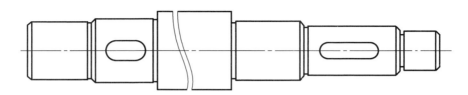

图9-11　绘制断裂部分

步骤11：绘制螺纹牙底

单击"偏移"按钮，将中心线偏移8.5mm，然后进行修剪，将偏移的线转换为细实线，如图9-12所示。

步骤12：标注尺寸

将"标注线"层置为当前，设置标注样式，将字高设置为"3.5"，其余默认。在执行

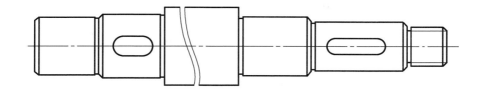

图 9-12 绘制螺纹牙底

线性标注时，输入 M，然后输入特殊字符和极限偏差，用堆叠的方法进行编辑。

注意：在标注尺寸时要注意样式的调整，个别不同的样式，可以选择"替代"来标注。

步骤 13：绘制标题栏，注写技术要求

步骤 14：保存文件

9.5 上机实训

绘制图 9-13 所示的传动轴零件图。

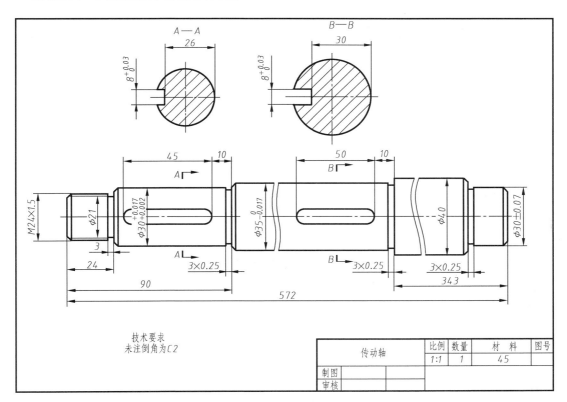

图 9-13 传动轴零件图

模块 10

盘类零件图的绘制

知识要点

基本图形编辑命令——阵列

基本图形编辑命令——分解

形位公差[⊖]的标注

综合实例

上机实训

10.1 基本图形编辑命令——阵列

"阵列"命令用于将选中的图元按矩形或环形的排列方式大量复制。在图 10-1 所示的"修改"工具栏中单击"阵列"按钮 ⊞，弹出"阵列"对话框。AutoCAD 2018 提供了矩形阵列和环形阵列两种方式。

10.1.1 矩形阵列

单击"矩形阵列"按钮，显示"矩形阵列"选项卡，如图 10-2 所示，用户应完成下列参数的设置。

图 10-1 "修改"工具栏

图 10-2 "矩形阵列"选项卡

1）"行数"和"列数"文本框用于输入阵列的行数和列数，其前面的符号给出了行和列的定义。

2） ▥ 介于 和 ▤ 介于 文本框用于输入列和行之间的距离。

⊖ 现行国家标准为几何公差，为与软件一致，本书采用形位公差。

3）"基点"用于确定阵列起始点的位置。

10.1.2　环形阵列

单击"环形阵列"按钮，显示"环形阵列"选项卡，如图 10-3 所示，用户应完成下列参数的设置。

1）"项目数""介于"和"填充"文本框用于输入相应的参数值。

2）"基点"用于指定环形阵列的阵列中心。用户可以直接在选中目标点单击。

3）"旋转项目"选项用于控制阵列图形是否随阵列中心旋转。

4）"方向"选项用于确定阵列的旋转方向。

图 10-3　"环形阵列"选项卡

单击"预览"按钮进入绘图区，用户可以看到阵列效果，如果不满意可以单击"修改"按钮进行修改。

10.2　基本图形编辑命令——分解

"分解"命令用于将整体对象分解为若干个单一的对象，以便于对二维多段线、三维多段线、块等进行编辑。在图 10-1 所示的"修改"工具栏中单击"分解"按钮，命令行提示：

选择对象：（用户选择要分解的对象，选中的对象变成虚线）

按<Enter>键即完成分解。

10.3　形位公差的标注

形位公差的标注相对于尺寸公差的标注就简单得多，只需单击"标注"工具栏中的"🔲"按钮，就可以完成公差框格的创建。标注前先用"引线"标注工具完成引线的创建。

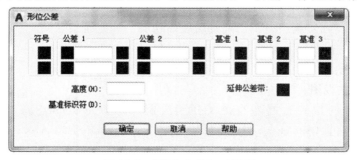

图 10-4　"形位公差"对话框

单击"⊞⊞"按钮,系统弹出如图 10-4 所示的"形位公差"对话框。单击该对话框中"符号"下面的黑色方框,弹出如图 10-5 所示的"特征符号"对话框。

拾取所需符号,在"公差 1"文本框中输入公差值,如果公差数值前面有 φ,则单击"公差 1"文本框前面的黑色方框;如果有基准,在"基准 1"中输入基准字母;单击确定结束公差设置。

此时命令行出现"输入公差位置"提示,用十字光标将公差框格移动到创建引线的端点位置,单击完成公差框格的定位。

如果在形位公差中有包容条件,则单击"公差 1"文本框后面的黑色方框,弹出如图 10-6 所示的"附加符号"对话框,可根据需要选取。

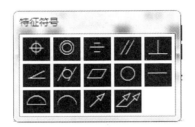

图 10-5 "特征符号"对话框

图 10-6 "附加符号"对话框

10.4 综合实训

10.4.1 实训目的和要求

1)绘制如图 10-7 所示油封盖零件图。
2)掌握环形阵列命令在绘图中的应用。
3)掌握引线的创建方法,熟练掌握形位公差的标注方法。
4)掌握标注尺寸的符号的比例画法(见附录 A)。

10.4.2 操作步骤

步骤 1:双击桌面上的快捷图标 **A**,启动 AutoCAD 2018

步骤 2:新建图层

新建粗实线层、细实线层、细点画线层、虚线层、标注线层。

步骤 3:绘制主视图

在适当的位置绘制主视图,注意调整线型比例,如图 10-8 所示。

步骤 4:绘制左视图

按要求在规定的位置绘制左视图。分别绘制尺寸为 φ40mm、φ125mm、φ150mm 和 φ180mm 的圆。在垂直中心线与 φ150mm 圆的交点处绘制直径为 φ10mm 的圆,如图 10-9 所示。

步骤 5:环形阵列

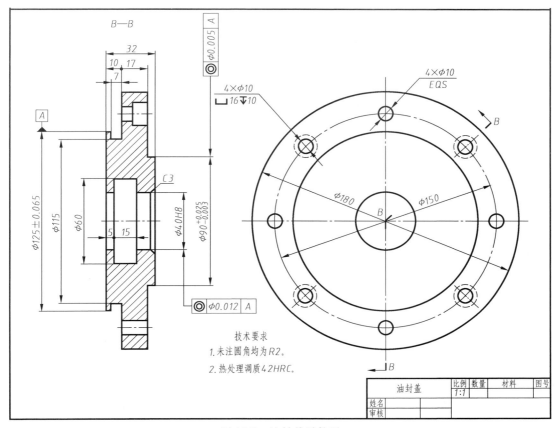

图 10-7　油封盖零件图

单击"阵列"命令,选择"环形阵列",用中心点 拾取 φ180mm 圆的圆心,在"项目数"项中输入"8"。

再用"选择对象"按钮 选择所绘制的直径为 φ10mm 的圆和垂直中心线,单击"确定"按钮,即得到如图 10-10 所示图形。

步骤 6:绘制虚线圆

将"虚线"层置为当前层,分别绘制直径为 φ16mm 的 4 个虚线圆。

步骤 7:打断阵列后的中心线

执行"打断"命令,打断中心线。

步骤 8:调整线型比例

按要求调整线型比例,选择中心线,单击鼠标右键,在"特性"项中进行修改。线型比例一般小于 1,应设置满足要求的线型。

步骤 9:标注尺寸

创建不同的标注样式,在标注过程中,根据要求进行标

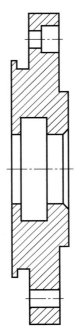

图 10-8　绘制主视图

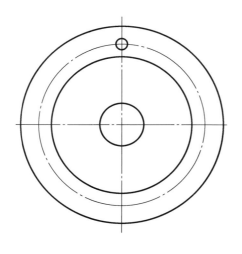

图 10-9　绘制左视图　　　　　　　　　　　　　　图 10-10　阵列圆

注。对于个别不同样式的标注，可以选择"标注"→"样式"，在"标注样式管理器"对话框中单击"替代"按钮，设置替代样式。用替代样式修改尺寸，将不影响前面标注的尺寸，个别特殊形式的尺寸最后标注。

如果对前面设置的标注样式不满意，可以选择"修改"选项进行重新设置，此时，标注样式将全部改变。具体按模块 7 尺寸标注所述进行设置。

步骤 10：标注形位公差

在"标注"下拉菜单中选择"引线"，绘制引线，在"标注样式管理器"中设置箭头形式。在"箭头"下拉选项中根据需要设置各种标注形式。

再选择【标注】菜单中的"公差"命令，选择所需项目符号，按要求设置。

步骤 11：注写技术要求

在"文字样式管理器"中按机械制图国家标准设置文字样式，一般推荐字体为仿宋字，字高根据图样的实际情况确定，常用字高为 3.5。

单击"多行文字"，在适当的位置注写技术要求。

步骤 12：绘制边框和标题栏

按国家标准绘制边框和标题栏。

步骤 13：填写标题栏内容

按要求填写标题栏中的内容。

步骤 14：保存文件

10.5　上机实训

绘制图 10-11 所示法兰盘零件图。

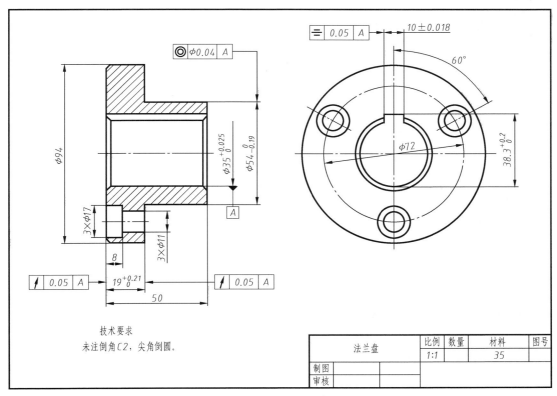

技术要求

未注倒角C2，尖角倒圆。

法兰盘	比例	数量	材料	图号
	1:1		35	
制图				
审核				

图 10-11 法兰盘零件图

模块 11

叉架类零件图的绘制

知识要点

表面粗糙度符号

基本图形编辑命令——创建块

基本图形编辑命令——插入块

综合实例

上机实训

11.1 表面粗糙度符号

图 11-1 所示为表面粗糙度符号，按相关规定，表面粗糙度符号的尺寸见表 11-1。

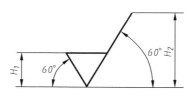

图 11-1 表面粗糙度符号的绘制

表 11-1 表面粗糙度符号的尺寸 （单位：mm）

轮廓线的线宽 b	0.35	0.5	0.7	1	1.4	2	2.8
数字与大写字母（或/和小写字母）的高度 h	2.5	3.5	5	7	10	14	20
符号的线宽 d（数字与字母的笔画宽度 d）	0.25	0.35	0.5	0.7	1	1.4	2
高度 H_1	3.5	5	7	10	14	20	28
高度 H_2	8	11	15	21	30	42	60

11.2 基本图形编辑命令——创建块

块是由多个对象组成并赋予块名的一个整体，可以随时将块加入到当前图形的指定位置，同时还可以缩放和旋转。

AutoCAD 2018 还没有将表面粗糙度标注作为一个特殊对象进行处理，只能利用块插入来完成表面粗糙度符号的标注。因此，在绘制机械工程图样时，必须创建表面粗糙度图块。

"创建"命令用于以对话框的方式创建块定义。在图 11-2 所示的"绘图"工具栏中单击  创建按钮，弹出如图 11-3 所示的"块定义"对话框。

图 11-2　"绘图"工具栏

图 11-3　"块定义"对话框

该对话框中各选项的功能释义如下：

1）名称：指定块的名称。块名称可以包括字母、数字、空格、汉字等，字符不超过 31 个。块名称及块定义保存在当前图形中。

2）基点：在插入块时指定块的参考点。基点可以通过单击"拾取点"按钮 拾取，也可以通过输入基点的三个方向的坐标值获取。

3）对象：指定新块中要包括的对象，以及创建块后确定是保留或删除选定的对象还是将它们转换成块的引用。

11.3　基本图形编辑命令——插入块

"插入"命令用于将建立的图形块或另外一个图形文件按指定的位置插入到当前图形中，并可以改变插入图形的比例和旋转角度。单击 插入 按钮，弹出如图 11-4 所示的"插入"对话框。

该对话框中各选项的功能释义如下：

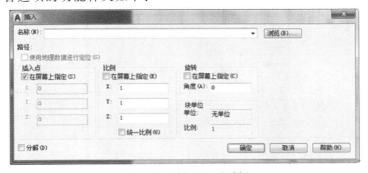

图 11-4　"插入"对话框

1）名称：在该列表中指定要插入图块的块名或指定要作为块插入的文件名。

2）浏览：单击"浏览"按钮显示"选择图形文件"对话框。

3）插入点：在插入块时指定块的插入点。

4）比例：指定将块插入图中的比例。

5）旋转：指定插入块的旋转角度。

6）分解：分解块并插入该块的各个部分。

11.4 综合实训

11.4.1 实训目的和要求

1）绘制图 11-5 所示拨叉的零件图。

2）熟练掌握图块的创建和插入方法。

3）综合应用所学知识，完成零件图的绘制。

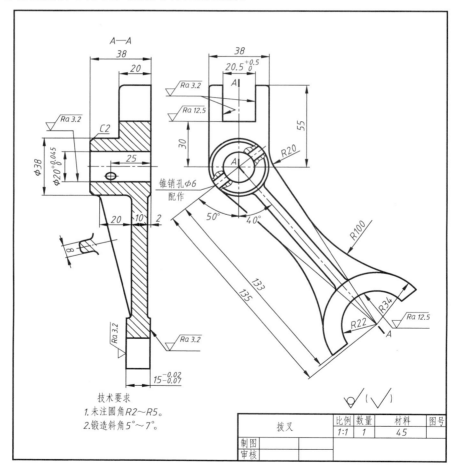

图 11-5　拨叉的零件图

11.4.2　操作步骤

步骤 1：新建图层

新建粗实线层、细实线层、中心线层、标注线层等。

步骤 2：绘制主视图

按要求绘制主视图，如图 11-6 所示。

步骤 3：绘制左视图

按要求绘制左视图，如图 11-7 所示。

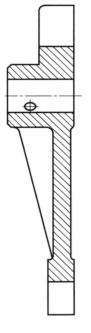

图 11-6　绘制主视图

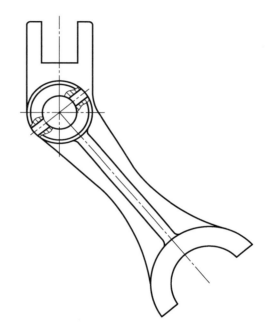

图 11-7　绘制左视图

步骤 4：绘制移出断面图

按要求绘制移出断面图，如图 11-8 所示。

步骤 5：创建表面粗糙度图块

先绘制如图 11-9 所示的表面粗糙度符号，单击"创建块"图标，输入块名称，拾取基点，选择对象即可。

图 11-8　绘制移出断面图

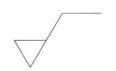

图 11-9　绘制表面粗糙度符号

步骤 6：标注尺寸

按要求创建标注样式，标注尺寸。

步骤 7：标注表面粗糙度代号

单击"插入块"，在名称栏输入创建块时输入的名称，单击"确定"按钮插入表面粗糙度图块，如图 11-10 所示。

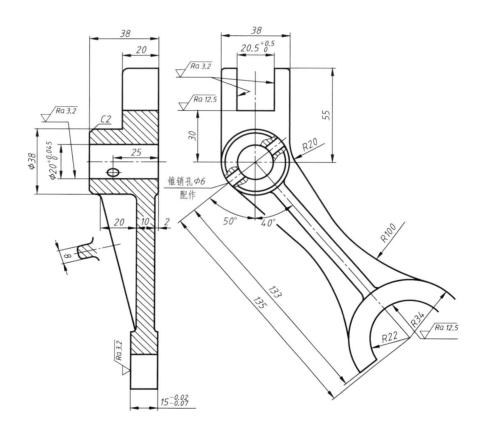

图 11-10　标注表面粗糙度代号

步骤 8：绘制剖切位置线

步骤 9：用多行文字书写技术要求，填写标题栏、剖视图名称

步骤 10：保存文件

11.5　上机实训

绘制图 11-11 所示杠杆的零件图。

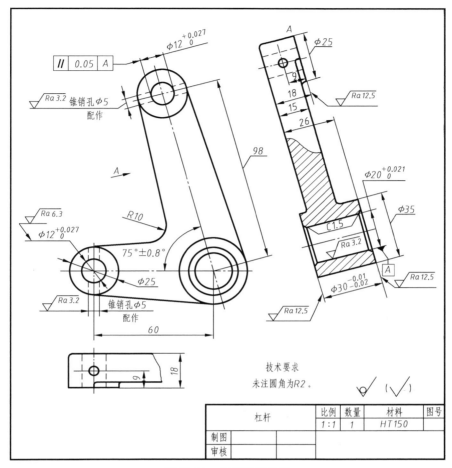

图 11-11　杠杆的零件图

模块 12

装配图的绘制

> **知识要点**
>
> 装配图的一般绘制过程
>
> 装配图的绘制方法
>
> 综合实例

12.1　装配图的一般绘制过程

　　绘制装配图的过程基本与绘制零件图相似，同时又有其自身的特点。装配图的一般绘制步骤如下：

　　1）建立装配图模板。在绘制装配图之前，需要根据图纸幅面的不同，分别建立符合机械制图国家标准规定的若干机械装配图样模板。模板中既包括图纸幅面、图层、文字样式和尺寸标注样式等基本设置，也包括图框、标题栏和明细栏基础框格等图块定义。这样在绘制装配图时，就可以直接调用建立好的模板进行绘图，从而提高绘图效率。

　　2）绘制装配图。

　　3）对装配图进行尺寸标注。

　　4）编写零、部件序号。用"快速引线标注"命令绘制序号指引线并注写序号。

　　5）绘制并填写标题栏、明细栏及技术要求。

　　6）保存图形。

12.2　装配图的绘制方法

　　采用 AutoCAD 2018 绘制装配图主要有以下几种方法。

1. 直接绘制装配图

　　对于一些比较简单的装配图，可以直接利用 AutoCAD 2018 的二维绘图及编辑命令，按照手工绘制装配图的绘图步骤将其绘制出来，与零件图的绘制方法一模一样。在绘制过程中，要充分利用"对象捕捉"及"正交"等绘图辅助工具，以提高绘图的准确性，并通过"对象追踪"和"构造线"功能来保证视图之间的投影关系。

2. 零件图块插入法

　　用零件图块插入法绘制装配图，就是将组成部件或机器的各个零件的图形先创建为图块，然后再按零件间的相对位置关系，将零件图块逐个插入，拼绘成装配图的一种方法。

3. 零件图形文件插入法（本书推荐）

在 AutoCAD 2018 中，可以将多个图形文件用插入块（INSERT）命令直接插入到同一图形中，插入后的图形文件以块的形式存在于图形中。因此，可以用直接插入零件图文件的方法来拼绘装配图，即选择菜单栏中的 "插入"→"块"，弹出如图 12-1 所示的 "插入" 对话框，单击 "浏览" 按钮，弹出如图 12-2 所示的 "选择图形文件" 对话框，选择所需文件，单击打开，最后在 "插入" 对话框中单击 "确定" 按钮。

该方法与零件图块插入法极为相似，不同的是默认情况下的插入基点为零件图形的坐标原点（0，0），可以利用移动命令进行编辑。

图 12-1　"插入" 对话框

图 12-2　"选择图形文件" 对话框

4. 利用设计中心拼绘装配图

AutoCAD 设计中心（AutoCAD Design Center，ADC）为用户提供了一个直观、高效、集成化的图形组织和管理工具，它与 Windows 资源管理器相似。利用设计中心，用户不仅可以方便地浏览、查找、预览和管理 AutoCAD 图形、块、外部参照及光栅图像等不同的资源文件，而且可以通过简单的拖放操作，将位于本地计算机、局域网或因特网上的块、图层和外部参照等内容插入到当前图形中。

12.3 综合实训

12.3.1 实训目的和要求

1）绘制图 12-3 所示的顶尖装配图，图 12-4 所示为顶尖各组成零件的零件图。

2）进一步熟练掌握 AutoCAD 2018 绘图命令的操作方法。

3）熟练掌握由零件图拼画装配图的方法和技巧。

4）绘图前，须先看懂顶尖装配图，了解其结构、工作原理及各零件之间的装配关系。

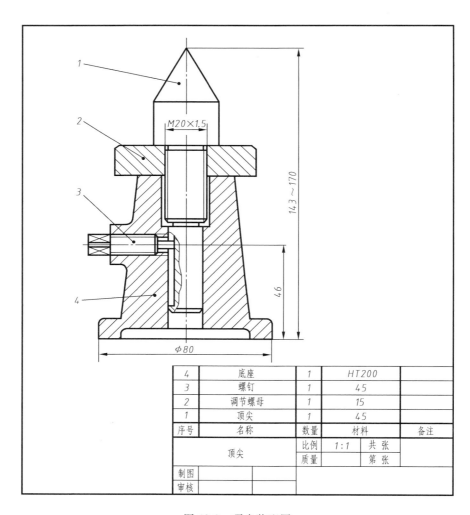

4	底座	1	HT200	
3	螺钉	1	45	
2	调节螺母	1	15	
1	顶尖	1	45	
序号	名称	数量	材料	备注

顶尖	比例	1:1	共 张	
	质量		第 张	

| 制图 | | | | |
| 审核 | | | | |

图 12-3 顶尖装配图

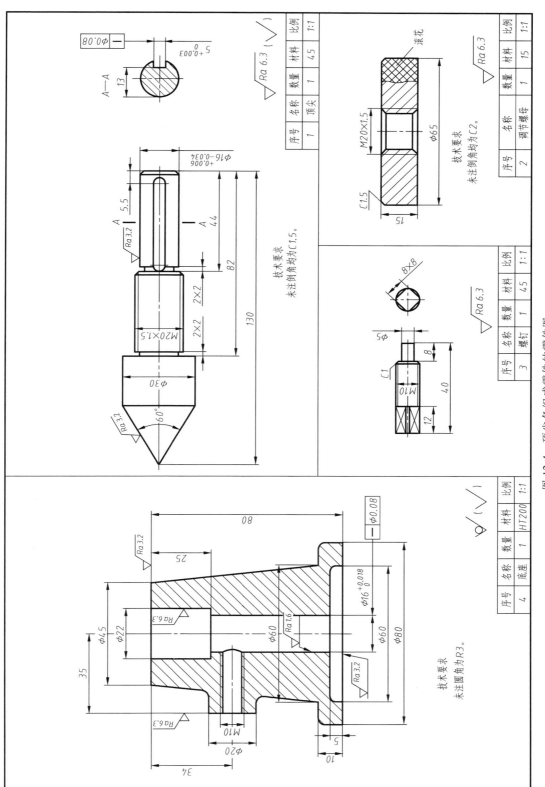

图 12-4 顶尖各组成零件的零件图

12.3.2　操作步骤

步骤 1：绘制序号为 1、2、3、4 的 4 个零件的零件图，分别用顶尖、调节螺母、螺钉、底座命名并保存为单个图形文件，不标注尺寸

步骤 2：新建一张 A4 图幅、竖装、绘制好边框、标题栏、明细栏的图样

步骤 3：根据装配关系，插入底座

在菜单栏中单击"插入"→"块"，浏览所绘制的图形，按装配关系先插入底座，如图 12-5 所示。

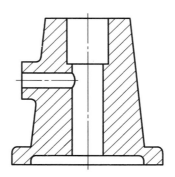

图 12-5　插入底座

步骤 4：用相同的方法插入调节螺母

在适当的位置插入调节螺母，选择"移动"命令移动图形到指定位置，如图 12-6 所示。

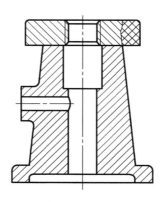

图 12-6　插入调节螺母

步骤 5：再用相同的方法插入顶尖

插入块顶尖，先要按指定的位置旋转，用移动命令移动到所装配的位置。

步骤 6：最后插入调节螺钉，如图 12-7 所示。

步骤 7：按要求编辑图形

按装配图要求编辑图形，单击"分解"命令，分解图块，修剪多余的图线。

步骤 8：标注装配图上必要的尺寸

步骤 9：编写零件序号，如图 12-8 所示

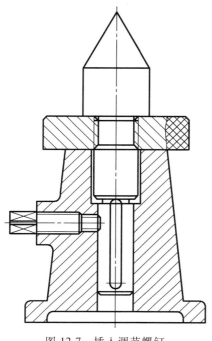

图 12-7   插入调节螺钉

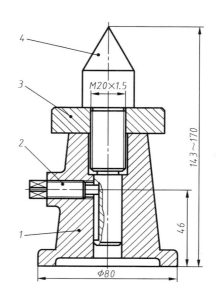

图 12-8   编写零件序号

步骤 10：填写标题栏、明细栏，如图 12-9 所示

4	底座	1	HT200	
3	螺钉	1	45	
2	调节螺母	1	15	
1	顶尖	1	45	
序号	名称	数量	材料	备注
顶尖		比例	1:1	共 张
		质量		第 张
制图				
审核				

图 12-9   标题栏和明细栏

步骤 11：保存文件

模块 13

图 形 输 出

知识要点

概述

模型空间和图纸空间的概念

输出图形的方式

创建布局

设置打印参数

13.1　概述

　　工程图样输出是设计工作中的一个重要环节，图样是工程施工、零件加工、部件装配以及设计者与用户之间交流的重要依据。

　　在输出图样之前，必须在系统配置命令中按型号配置打印机或绘图机以及设置一些相关的参数，然后在"打印配置"对话框中合理设置打印参数，以提高图形输出的效率和质量。

13.2　模型空间和图纸空间的概念

　　模型空间是用户完成绘图和设计工作的工作空间，创建和编辑图形的大部分工作都在"模型"选项卡中完成。打开"模型"选项卡后，则一直在模型空间中工作。利用在模型空间中建立的模型可以完成二维或三维物体的造型，也可以根据用户需求用多个二维或三维视图来表达物体，同时配以必要的尺寸标注和注释等以完成所需要的全部绘图工作。在"模型"选项卡中，可以查看并编辑模型空间对象，十字光标在整个图形区域都处于激活状态。

　　图纸空间用于图形排列、绘制局部放大图及视图。通过移动或改变视口的尺寸，可在图纸空间中排列视图。在图纸空间中视口被作为对象看待，并且可以 AutoCAD 2018 的标准编辑命令对其进行编辑。这样，用户就可以在同一绘图页进行不同视图的放置和绘制。在模型空间中，用户只能在当前活动的视口中绘制图形。

13.3　输出图形的方式

在输出图形（打印图形）时，用户可根据需要设置图形的输出方式，常用的图形输出方式有在模型空间中输出和在图纸空间中输出。

13.3.1　在模型空间中输出图形

模型空间用于创建图形，建立模型所处的环境，模型即为所画图形，分为二维图形、三维图形可设置多个平铺视口，不同的视口显示不同的部分。在模型空间中通常按 1 : 1 的比例输出图形，不考虑输出图样的尺寸、布局。

操作方法：

1）下拉菜单：选择 "文件"→"打印"。

2）图标：单击 "标准" 工具栏中的 ![按钮] 按钮。

执行以上任一操作后，在 "页面设置（模型）" 对话框中设置打印模式并打印图形。

13.3.2　在图纸空间中输出图形

图纸空间用于准备输出图形时设置图形布局。可对同一图形创建多个布局、视图，各布局允许采用不同的输出比例和图样大小。在输出图形之前设置模型在图纸上的布局，可设置多个视口为浮动视口，视口的大小和位置根据需要而定，并可对视口进行移动、旋转、比例缩放等操作。每个浮动视口可显示模型的不同视图；还可以通过视口直接在图纸空间的视图中绘制对象，如标题栏、注释等，这些对象对模型空间中的图形没有影响，但在图纸空间中，不能编辑在模型空间中创建的模型。

在图形窗口的左下角有 "模型" 和多个 "布局" 选项，选择 "模型" 选项即表示图形窗口处于模型空间状态，用户可直接绘图和编辑；选择 "布局" 选项即表示图形窗口处于图纸空间状态，用户可设置模型的视图布局以准备打印。

13.4　创建布局

在 AutoCAD 2018 中，可以创建多种布局，每种布局都代表一张单独的打印输出图样。创建新布局后，就可以在布局中创建浮动视图。可以使用不同的打印比例浮动视图中的各个视图，并能够控制视口中图层的可见性。

1）选择 "工具"→"向导"→"创建布局" 命令，打开 "创建布局-开始" 对话框，如图 13-1 所示。

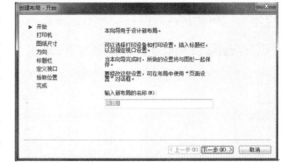

图 13-1　"创建布局-开始" 对话框

2）单击 "下一步" 按钮，在打开的 "创建布局-打印机" 对话框中，为布局选择配置的打印机，如图 13-2 所示。

3）单击"下一步"按钮，在打开的"创建布局-图纸尺寸"对话框中，选择布局使用的图纸和图形单位，如图 13-3 所示。

图 13-2　打印机设置　　　　　　　　图 13-3　图纸尺寸的设定

4）单击"下一步"按钮，在打开的"创建布局-方向"对话框中，选择图形在图纸上的打印方向，可以选择"纵向"或"横向"，如图 13-4 所示。

5）单击"下一步"按钮，在打开的"创建布局-标题栏"对话框中，选择图纸的边框和标题栏的样式，如图 13-5 所示。

图 13-4　设置布局方向　　　　　　　　图 13-5　设置标题栏

6）单击"下一步"按钮，在打开的"创建布局-定义视口"对话框中，指定新创建的布局的默认视口和比例等，如图 13-6 所示。

7）单击"下一步"按钮，在打开的"创建布局-拾取位置"对话框中，单击"选择位置"按钮，切换到绘图窗口，并指定视口大小和位置，如图 13-7 所示。

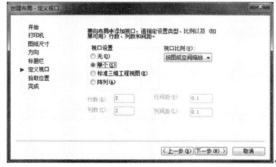
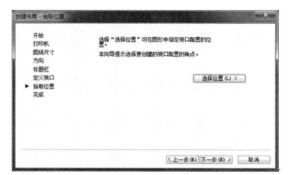

图 13-6　定义视口　　　　　　　　　　图 13-7　拾取位置

8）单击"下一步"按钮，在打开的"创建布局-完成"对话框中，单击"完成"按钮，完成新布局及默认视口的创建。

13.5 设置打印参数

启动 AutoCAD 2018，单击"文件"→"打印"或单击"标准"工具栏中的"打印机"图标按钮 ，显示"打印"对话框，如图 13-8 所示。

图 13-8 "打印"对话框

13.5.1 选择打印设备

单击"打印设备"选项，如图 13-9 所示，在"打印机/绘图仪"的名称下拉列表中，选择联机的打印机。

图 13-9 选择打印设备

13.5.2 打印设置

单击"图纸尺寸"下拉菜单，选择图纸的类型；在"打印区域"选项区可设定图形输出时的打印范围；在"打印比例"选项区设定图形输出时的打印比例；在"图形方向"选项区指定图形的输出方向等，如图 13-10 所示。

图 13-10　打印设置

三维绘图

知识要点

三维绘图环境设置

三维实体造型——基本实体造型、复杂实体造型

基本编辑操作——布尔运算

综合实例——旋转二维图形生成三维实体

上机实训

14.1 三维绘图环境设置

AutoCAD 2018 在工程制图的应用中有一项重要的功能，即绘制零件的三维实体模型。三维建模与二维制图有所不同。在三维建模中，需要利用三维坐标系，即需要建立正确的三维空间观念。

14.1.1 创建用户坐标系

在使用 AutoCAD 2018 绘制二维图形时，通常使用的是忽略了第三个坐标（Z 坐标，此时 Z=0）的绝对或相对的直角坐标系。而在三维绘图中，应该采用合适的坐标系。

在命令行输入 UCS，可以创建新的用户坐标系，也可以调出 UCS 工具条。在图 14-1 所示的"UCS"工具条中单击 ↳ 按钮，命令行提示：

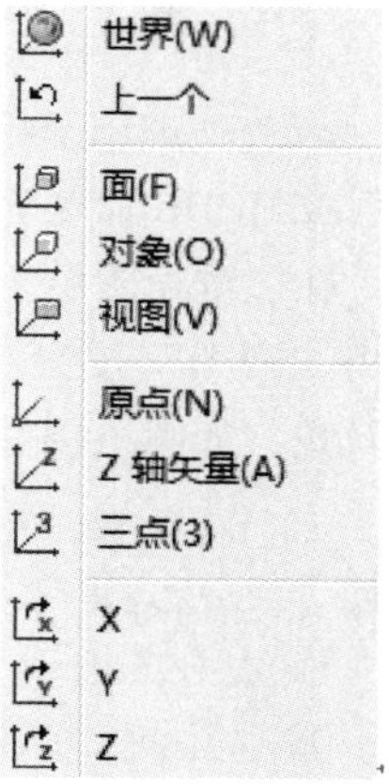

命令：ucs ↙

当前 UCS 名称：＊世界＊

输入选项

[新建（N）/移动（M）/正交（G）/上一个（P）/恢复（R）/保存（S）/删除（D）/应用（A）/？/世界（W）]

<世界>： n　（输入 n，新建坐标系）

| 世界(W) |
| 上一个 |
| 面(F) |
| 对象(O) |
| 视图(V) |
| 原点(N) |
| Z 轴矢量(A) |
| 三点(3) |
| X |
| Y |
| Z |

图 14-1　"UCS"
工具条

指定新 UCS 的原点或［Z 轴（ZA）/三点（3）/对象（OB）/面（F）/视图（V）/X/Y/Z］

<0，0，0>：

（指定新 UCS 的原点）

14.1.2　用标准视点观察三维模型

用户可以通过 AutoCAD 2018 提供的标准视点从不同角度观察三维模型。在菜单栏中单击"视图"按钮，调出"三维视图"工具条，如图 14-2 所示，即可进行观察。

14.1.3　使用三维动态观察模式

利用三维动态器模式操作起来更直观。在工具栏中调出"三维动态观察器"，如图 14-3 所示，可以选择相应的项目进行编辑。

图 14-2　"三维视图"工具条

图 14-3　"三维动态观察器"工具条

14.1.4　着色处理

着色处理用于控制在当前视口中实体对象着色的显示，SHADEMODE 命令为当前视口中的对象提供着色和线框选项。在三维绘图中，可以设置模型的显示效果。在菜单栏中单击"视图"按钮，在"视图样式（S）"中调出"着色"工具条，如图 14-4 所示，可以根据需要选取不同的样式。

图 14-4　"着色"工具条

14.2　三维实体造型——基本实体造型

基本几何实体包括长方体、球体、圆柱体、圆锥体、楔体和圆环。

14.2.1　绘制立方体和长方体

"长方体"命令用于按指定方式绘制长方体或立方体。单击如图 14-5 所示"实体"工

具栏中的 按钮，可创建长方体。创建长方体之后，不能对其进行拉伸或改变其尺寸。

1．绘制长方体

命令：box

指定长方体的角点或［中心点（CE）］<0，0，0>： （指定长方体的一个角点）

指定角点或［立方体（C）/长度（L）］： （指定长方体的另一角点）

指定长度： （指定高度）

2．绘制立方体

命令：box

指定长方体的角点或［中心点（CE）］<0，0，0>： （指定角点）

指定角点或［立方体（C）/长度（L）］：c（输入C）

指定长度：（输入立方体的长度）

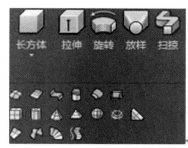

图 14-5 "实体"工具栏

14.2.2 绘制球体

"球体"命令（ 按钮）用于按指定方式绘制球体。

命令：sphere

当前线框密度： ISOLINES = 4

指定球体球心 <0，0，0>： （指定球体的中心点）

指定球体半径或［直径（D）］： （输入球体的半径）

14.2.3 绘制圆柱体

"圆柱体"命令（ 按钮）用于创建圆柱体。

命令：cylinder

当前线框密度： ISOLINES = 4

指定圆柱体底面的中心点或［椭圆（E）］<0，0，0>： （指定圆柱体的底面中心点）

指定圆柱体底面的半径或［直径（D）］： （输入圆柱体底面的半径）

指定圆柱体高度或［另一个圆心（C）］： （输入圆柱体高度）

14.2.4 绘制圆锥体

"圆锥体"命令（ 按钮）用于创建圆锥体或椭圆体。

命令：cone

当前线框密度： ISOLINES = 4

指定圆锥体底面的中心点或［椭圆（E）］<0，0，0>： （指定圆锥体的底面中心点）↙

指定圆锥体底面的半径或［直径（D）］： （输入圆锥体底面的半径）↙

指定圆锥体高度或［顶点（A）］： （输入圆锥体高度）↙

14.2.5 绘制楔体

"楔体"命令（ ◤ 按钮）用于绘制楔体。

命令：wedge

指定楔体的第一个角点或［中心点（CE）］<0，0，0>： （指定楔体底面的一个角点）↙

指定角点或［立方体（C）/长度（L）］： （指定楔体底面的另一角点）↙

指定高度： （输入楔体的高度）↙

14.2.6 绘制圆环

"圆环"命令（ ◉ 按钮）用于绘制圆环体。

命令：torus

当前线框密度： ISOLINES = 4

指定圆环体中心 <0，0，0>： （指定圆环中心点）↙

指定圆环体半径或［直径（D）］： （输入圆环的半径）

指定圆管半径或［直径（D）］： （输入圆环体圆管的半径）

14.3 三维实体造型——复杂实体造型

14.3.1 拉伸

◨ "拉伸"命令用于对已存在的二维对象沿指定路径进行拉伸或按指定高度值和倾斜角度进行拉伸，从而生成三维实体，二维对象可以是多边形、圆、椭圆和多段线等。单击"拉伸"按钮 ◨ ，命令行提示：

命令：_ extrude

当前线框密度： ISOLINES = 4

选择对象：

指定拉伸高度或［路径（P）］：

指定拉伸的倾斜角度 <0>：

14.3.2　旋转

"旋转"命令用于将闭合曲线绕一条旋转轴旋转，生成回转的三维实体。该命令可以旋转闭合多段线、多边形、圆、椭圆、闭合样条曲线、圆环和面域，不能旋转包含在块中的对象，不能旋转相交或自交的多段线，且该命令一次只能旋转一个对象。单击"旋转"按钮，命令行提示：

命令：_ revolve

当前线框密度：　ISOLINES = 4

选择对象：　（选择对象）

指定旋转轴的起点

定义轴依照［对象（O）/X 轴（X）/Y 轴（Y）］：　（定义起点或轴）

指定轴端点：　（指定另一端点）

指定旋转角度 <360>：　↙

14.4　基本编辑操作——布尔运算

三维实体模型的一个重要功能是可以在两个以上的模型之间执行布尔运算命令，组合成新的复杂的实体模型。图 14-6 所示为"实体编辑"工具栏，其中的"并集""交集"和"差集"命令的功能如下。

1. 并集

"并集"命令用于将两个以上的三维实体合为一体。单击按钮，命令行提示：

命令：union

选择对象：（选择对象 1）

选择对象：（选择对象 2）

图 14-6　"实体编辑"工具栏

2. 交集

"交集"命令用于将几个实体相交的公共部分保留下来。单击按钮，命令行提示：

命令：intersect

选择对象：（选择对象 1）

选择对象：（选择对象 2）

3. 差集

"差集"命令用于从一个三维实体中去除与其他实体相交的公共部分。单击 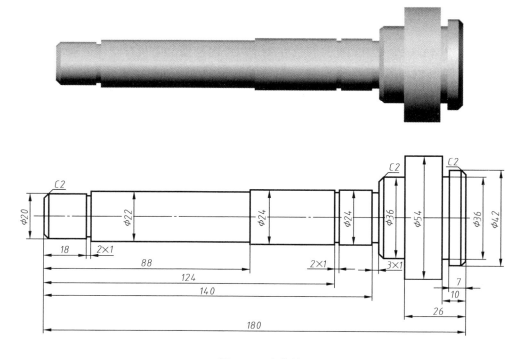 按钮，命令行提示：

命令：subtract 选择要从中减去的实体或面域 . . .

选择对象：　（选取对象 1）

选择要减去的实体或面域 . .

选择对象：（选取对象 2）

14.5　综合实例——旋转二维图形生成三维实体

14.5.1　实训目的和要求

1）绘制如图 14-7 所示齿轮轴三维实体图。

2）了解三维实体的建模方法和技巧。

3）掌握三维旋转命令的应用方法。

4）熟悉常用的实体编辑方法。

5）掌握二维线框与三维着色的切换方法。

图 14-7　齿轮轴

14.5.2　绘图步骤

步骤1：启动 AutoCAD 2018，进入界面

步骤2：设置绘图界限为 420mm×297mm

步骤3：设置图层

按要求设置截面层、实体层。

步骤4：调出三维实体建模的常用工具

在"视图"→"工具栏"中调出"UCS""三维动态观察器""实体""实体编辑""视图""着色"工具条。

步骤5：用二维绘图命令绘制半根齿轮轴

根据图形尺寸绘制齿轮轴的一半图形。

步骤6：选择"修改"工具栏中的"修剪"命令，将多余的线清除，修剪后的半根齿轮轴如图 14-8 所示

图 14-8　修剪后的半根齿轮轴

步骤7：用 PEDIT 命令将所绘线段并成整体

在命令行输入：pedit ↙

命令：pedit

选择多段线或［多条（M）］：　　M　　（输入 M，多条）

选择对象：　　　指定对角点：找到 24 个（框选对象）

选择对象：　↙

是否将直线和圆弧转换为多段线？［是（Y）/否（N）］? <Y>　↙

输入选项

［闭合（C）/打开（O）/合并（J）/宽度（W）/拟合（F）/样条曲线（S）/非曲线化（D）/

线型生成（L）/放

弃（U）］：　j　　（输入 J，合并）

合并类型=延伸

输入模糊距离或［合并类型（J）］<0.0000>：　↙

多段线已增加 23 条线段

步骤8：旋转

在"实体"工具栏中，选择"旋转"命令，绕边轴旋转生成轴的主体，如图 14-9 所示。

命令：_ revolve

当前线框密度： ISOLINES = 4

选择对象：找到 1 个

选择对象： ↙

指定旋转轴的起点

定义轴依照［对象（O）/X 轴（X）/Y 轴（Y）］：

指定轴端点： （指定轴的两端点）

指定旋转角度 <360>： ↙

步骤 9：切换视角

在"视图"工具条中，选择"西南等轴测"视图按钮，切换视角，如图 14-10 所示。

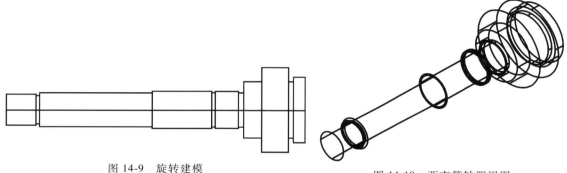

图 14-9 旋转建模   图 14-10 西南等轴测视图

步骤 10：倒角

在"修改"工具栏中，单击"倒角"命令，命令行提示：

命令：_ chamfer

（"不修剪"模式）当前倒角距离 1 = 0.0000，距离 2 = 0.0000

选择第一条直线或［多段线（P）/距离（D）/角度（A）/修剪（T）/方式（M）/多个

（U）］： d ↙

指定第一个倒角距离 <0.0000>： 2 （指定倒角距离）

指定第二个倒角距离 <2.0000>： ↙

选择第一条直线或［多段线（P）/距离（D）/角度（A）/修剪（T）/方式（M）/多个（U）］：

基面选择 ...

输入曲面选择选项［下一个（N）/当前（OK）］<当前>： ↙

指定基面的倒角距离 <2.0000>： ↙

指定其他曲面的倒角距离 <2.0000>：　↙

选择边或［环（L）］：选择边或［环（L）］：　（选取要进行倒角的边）

步骤11：着色

在"着色"工具栏中，选择"体着色"，三维实体如图14-11所示。

图14-11　着色

步骤12：保存文件

14.6　上机实训

绘制如图14-12所示零件的三维实体图。

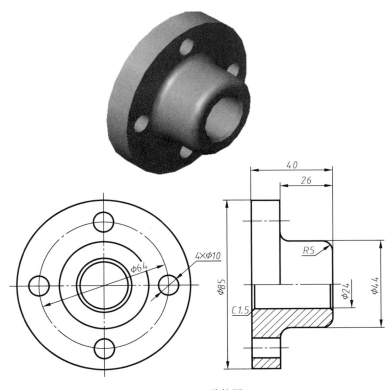

图14-12　零件图

三维实体零件的绘制

15.1 基本绘图命令——多段线

"多段线"命令用于生成多段线。多段线是一个对象，可包含许多直线和圆弧，同一条线可有不同的宽度。在图 15-1 所示的"绘图"工具栏中单击"多段线"按钮 ，命令行提示：

图 15-1 "绘图"工具栏

命令：pline

指定起点： （单击指定起点）

当前线宽为 0.0000

指定下一个点或［圆弧（A）/半宽（H）/长度（L）/放弃（U）/宽度（W）］：

各选项的释义如下：

1）圆弧（A）：由绘制直线转换成绘制圆弧。

2）半宽（H）：将多段线总宽度的值减半。AutoCAD 2018 提示输入起点宽度和终点宽度。用户通过在命令行输入相应的数值，即可绘制一条宽度渐变的线段或圆弧。注意：命令行输入的数值将被作为此后绘制图形的默认宽度，直到下一次修改为止。

3）长度（L）：提示用户给出下一段多段线的长度。AutoCAD 2018 按照上一段多段线的方向绘制这一段多段线，如果上一段是圆弧则将绘制出与上一段圆弧相切的直线段。

4）放弃（U）：取消刚绘制的一段多段线。

5）宽度（W）：与半宽操作相同，只是输入的数值就是实际线段的宽度。

15.2　基本图形编辑命令——面域（推荐）

　　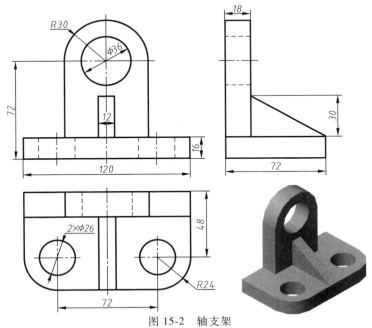"面域"命令用于创建一种比较特殊的二维对象，即由封闭边界所形成的二维封闭区域。创建面域的方法很简单，只需单击"面域"按钮，移动光标拾取对象，再按<Enter>键或单击鼠标右键，即可完成创建，具体如下：

> 命令：region

> 选择对象：　（选择对象）

> 已提取 1 个环

> 已创建 1 个面域

15.3　综合实例——拉伸二维图形生成三维实体

15.3.1　实训目的和要求

　　1）绘制如图 15-2 所示轴支架的三维图形。
　　2）掌握用户坐标系的建立和常用三维工具的调用方法。
　　3）掌握三维图形的消隐、着色及图形编辑方法。

图 15-2　轴支架

15.3.2　绘图步骤

　　步骤 1：启动 AutoCAD 2018，进入界面

步骤2：设置绘图界限为 420mm×297mm

步骤3：设置图层

按要求设置截面层、实体层。

步骤4：调出三维实体建模常用工具

在"视图"→"工具栏"中调出"UCS""三维动态观察器""实体""实体编辑""视图""着色"工具条。

步骤5：新建用户坐标系

单击 ⌐ 按钮，命令行提示：

命令：_ ucs

当前 UCS 名称：*世界*

输入选项

[新建（N）/移动（M）/正交（G）/上一个（P）/恢复（R）/保存（S）/删除（D）/应用（A）/？/世界（W）]

<世界>：N   （输入 N 新建坐标系）

指定新 UCS 的原点或 [Z 轴（ZA）/三点（3）/对象（OB）/面（F）/视图（V）/X/Y/Z]<0，0，0>：

（指定坐标点，默认原点）

步骤6：选择视点为西南轴测图

步骤7：绘制图形

将"截面"层置为当前，在"视图"工具条中，单击"俯视"按钮 ⬛，再用"多段线"命令绘制图形底面，如图15-3所示。

步骤8：切换视点为西南轴测图

步骤9：拉伸底板

选择"实体"工具栏中的"拉伸"命令，命令行提示：

图 15-3   用"多段线"命令绘制图形底面

命令：_ extrude

当前线框密度：   ISOLINES = 4

选择对象：   <捕捉 关>找到 1 个

选择对象：   （选择对象）

指定拉伸高度或 [路径（P）]：   16

指定拉伸的倾斜角度 <0>：

拉伸底板，如图15-4所示。

步骤10：绘制半圆头竖板

在"视图"工具条中单击"前视"按钮，绘制竖板图形，如图 15-5 所示。

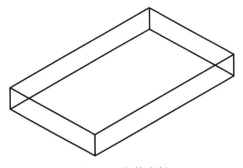

图 15-4 拉伸底板

图 15-5 绘制竖板

步骤 11：用"多段线"命令转换图线（可用"面域"命令转换）

在命令行输入命令：PE ↙

命令：pe

PEDIT 选择多段线或［多条（M）］： M ↙ （输入 M）

选择对象：指定对角点：找到 4 个

选择对象：

是否将直线和圆弧转换为多段线？［是（Y）/否（N）］?＜Y＞ y

输入选项

［闭合（C）/打开（O）/合并（J）/宽度（W）/拟合（F）/样条曲线（S）/非曲线化（D）/

线型生成（L）/放弃（U）］： J （输入 J 合并）

合并类型＝延伸

输入模糊距离或［合并类型（J）］＜0.0000＞： ↙

多段线已增加 3 条线段

步骤 12：拉伸竖板，如图 15-6 所示

步骤 13：移动竖板

将绘制好的竖板移动到指定位置，如图 15-7 所示。

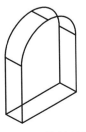

图 15-6 拉伸竖板

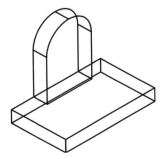

图 15-7 移动竖板

步骤 14：用布尔运算合并两个实体

单击"实体编辑"工具栏中的"并集"按钮 ▣，合并两实体。

步骤 15：绘制肋板

在"视图"工具条中单击"左视"按钮 ▣，绘制肋板。

步骤 16：转换多段线

将绘制的肋板转换为面域或多段线。

步骤 17：拉伸肋板，如图 15-8 所示

步骤 18：移动肋板到指定位置

步骤 19：合并实体

步骤 20：绘制圆柱

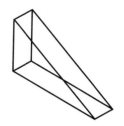

图 15-8　拉伸肋板

在"视图"工具条中选择"主视图"，在"实体"工具栏中单击"圆柱体"按钮 ▣，绘制圆柱。

步骤 21：移动圆柱到指定位置

步骤 22：用布尔运算编辑实体

单击"实体编辑"工具栏中的"差集"按钮 ▣，命令行提示：

命令：_ subtract 选择要从中减去的实体或面域 . . .

选择对象：找到 1 个

选择对象：

选择要减去的实体或面域 . .

选择对象：找到 1 个

进行差集运算后的图形如图 15-9 所示。

步骤 23：倒角

命令：_ fillet

当前设置：模式 = 修剪，半径 = 0.0000

选择第一个对象或［多段线（P）/半径（R）/修剪（T）/多个（U）］：

（选择对象）

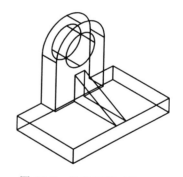

图 15-9　差集运算后的图形

输入圆角半径：24　　（输入半径）

选择边或［链（C）/半径（R）］：　↙

已选定 1 个边用于圆角

倒圆角后的图形，如图 15-10 所示。

步骤 24：绘制小圆筒

单击"视图"工具条中的"俯视"按钮，绘制小圆筒。

步骤 25：复制圆筒

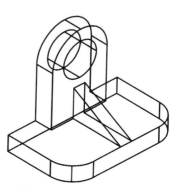

图 15-10　倒圆角后的图形

步骤 26：移动圆筒到指定位置，用布尔运算差集编辑，如图 15-11 所示

步骤 27：着色

单击"着色"工具条中的"体着色"按钮 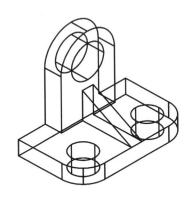，对所绘实体进行着色，如图 15-12 所示。

图 15-11　线框图

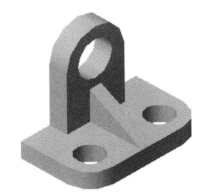

图 15-12　着色效果图

步骤 28：保存文件

15.4　上机实训

绘制图 15-13 所示的三维实体图形。

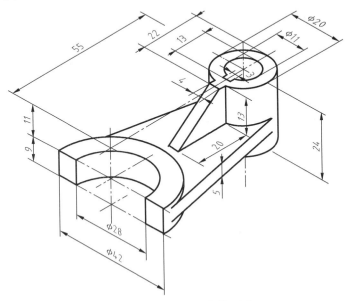

图 15-13　绘制三维实体图形

附　　录

附录 A　标注尺寸的符号的比例画法

标注尺寸的常用符号及缩写词见表 A-1。

表 A-1　标注尺寸的常用符号及缩写词（GB/T 18594—2001）

序号	1	2	3	4	5	6	7	8	9	10	11	12	13	14
含义	直径	半径	球直径	球半径	厚度	均布（缩写词）	45°倒角	正方形	深度	沉孔或锪平	埋头孔	弧长	斜度	锥度
符号	ϕ	R	$S\phi$	SR	t	EQS	C	□	↓	⊔	∨			

符号的比例画法如图 A-1 所示。

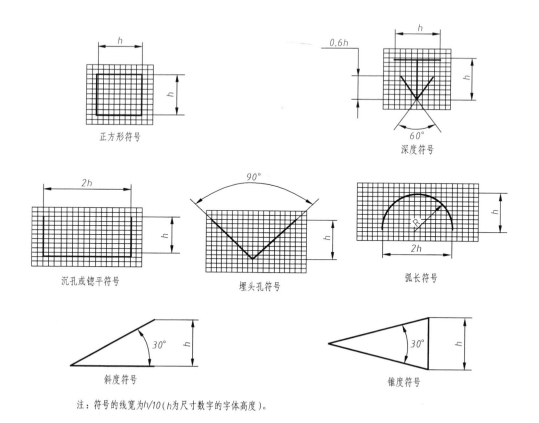

注：符号的线宽为h/10（h为尺寸数字的字体高度）。

图 A-1　符号的比例画法

附录 B AutoCAD 2018 常用命令

中文项目	命 令	快捷键	中文项目	命 令	快捷键
直线	LINE	L	实时平移	PAN	P
构造线	XLINE	XL	实时缩放	ZOOM+[ ]	Z+[ ]
多段线	PLINE	PL	线性标注	DIMLINEAR	DLI
正多边形	POLYGON	POL	连续标注	DIMCONTINUE	DCO
矩形	RECTANG	REC	对齐标注	DIMALIGNED	DAL
圆弧	ARC	A	半径标注	DIMRADIUS	DRA
圆	CIRCLE	C	直径标注	DIMDIAMEIER	DDI
样条曲线	SPLINE	SPL	角度标注	DIMANGULAR	DAN
椭圆	ELLIPSE	EL	公差	TOLERANCE	TOL
插入块	INSERT	I	对象特性	PROPERTIES	MO
创建块	BLOCK	B	用户坐标系	UCS	UCS
点	POINT	PO	拉伸实体	EXTRUDE	
图案填充	BHATCH	BH/H	旋转实体	REVOLVE	REV
面域	REGION	REG	并集实体	UNION	UNI
多行文本	MTEXT	MT/T	差集实体	SUBTRACT	SU
删除	ERASE	E	交集实体	INTERSECT	IN
复制	COPY	CO,CP	圆柱体	CYLINDER	
镜像	MIRROR	MI	圆锥体	EXTRUDE	
偏移	OFFSET	O	球体	SPBTRACT	
阵列	ARRAY	AR	楔体	WEDGE	
移动	MOVE	M	实体体着色	SHADEMODE	SHA
旋转	ROTATE	RO	捕捉设置	OSNAP	OSNAP
缩放	SCALE	SC	设置图层	LAYER	LA
修剪	TRIM	TR	设置颜色	COLOR	COL
延伸	EXTEND	EX	文字样式	STYLE	ST
打断	BREACK	BR	设置单位	UNITS	UN
倒角	CHAMFER	CHA	选项设置	OPTIONS	OP
倒圆	FILLET	F	草图设置	DSETTINGS	RE
分解	EXPLODE	EX,XP	建内部图块	BLOCK	B
新建文件	NEW	C+N	建外部图块	WBLOCK	W
打开文件	OPEN	C+O	跨文件复制	COPYCLIP	CTRL+C
保存文件	SAVE	C+S	跨文件粘贴	PASTECLIP	CTRL+V
放弃	UNDO	U	退出 CAD	QUIT 或 EXIT	

附录 C 零件图练习

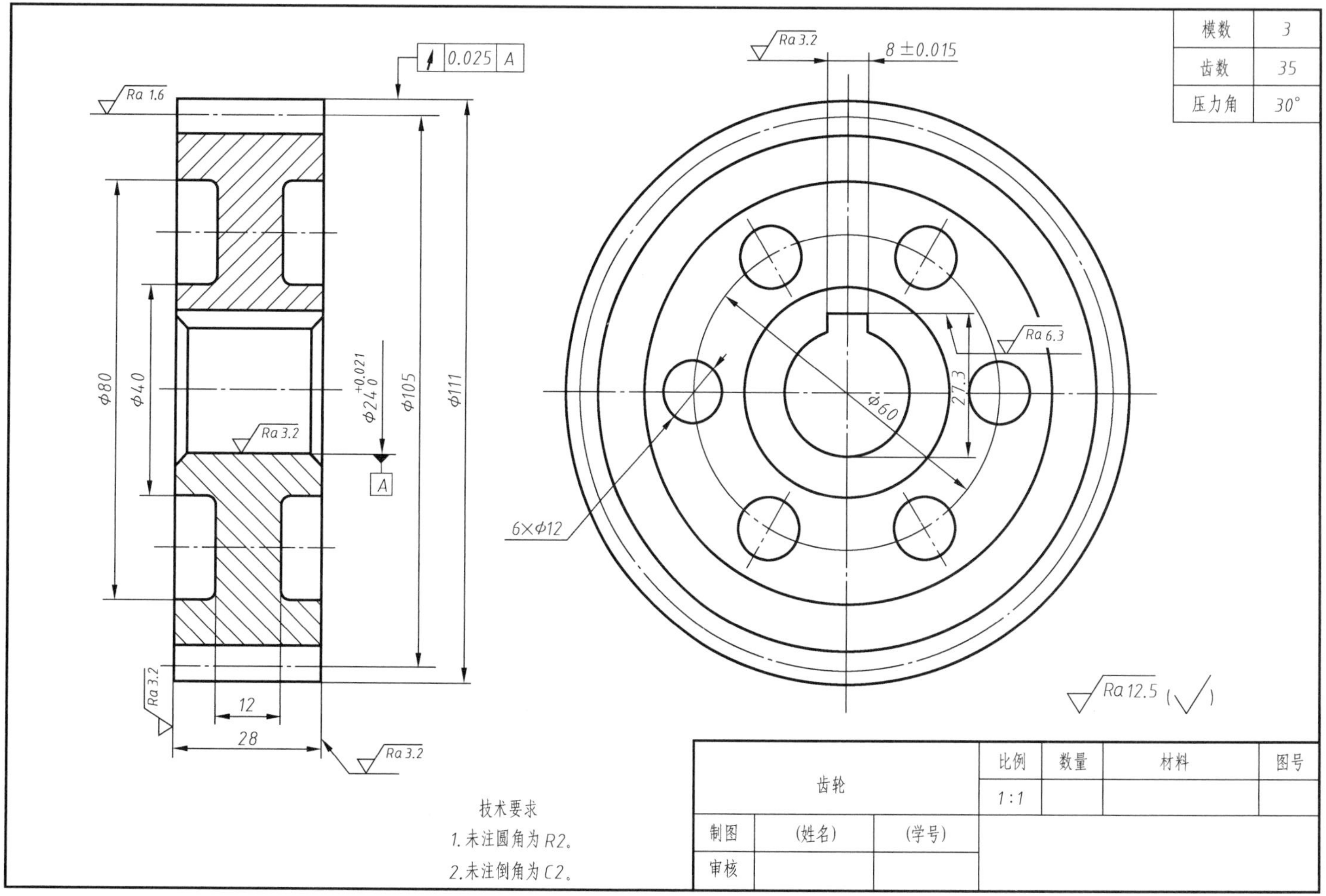

模数	3
齿数	35
压力角	30°

齿轮		
比例	1:1	材料
数量		图号
(姓名)	(学号)	
制图		
审核		

$\sqrt{Ra12.5}$ (√)

技术要求
1. 未注圆角为 R2。
2. 未注倒角为 C2。

图 C-1

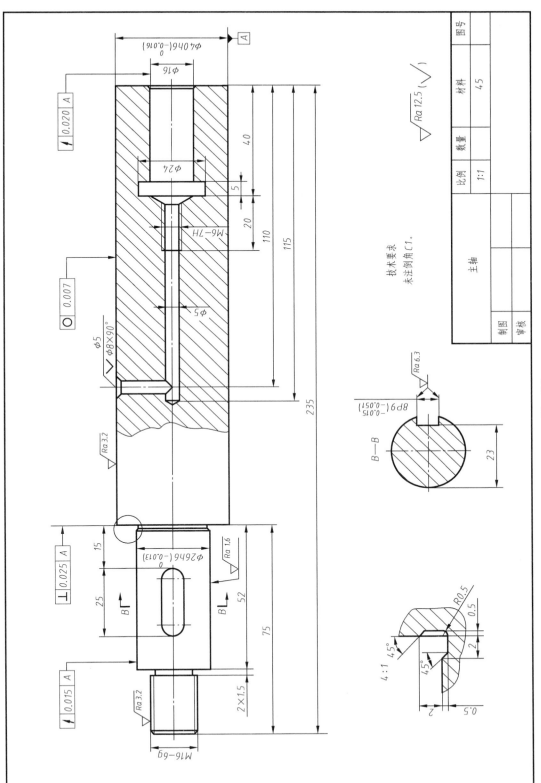

图 C-2

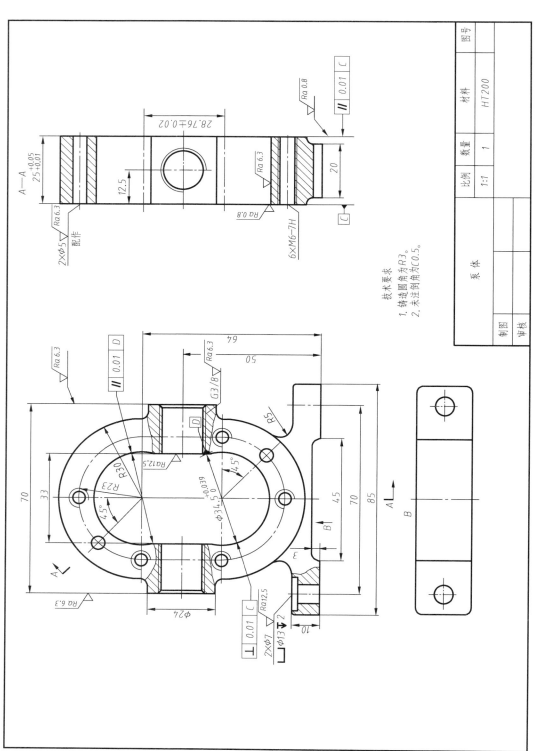

图 C-3

附录 D 三维实体练习

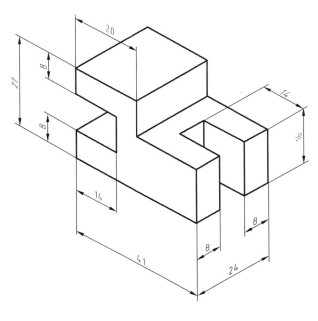

图 D-1

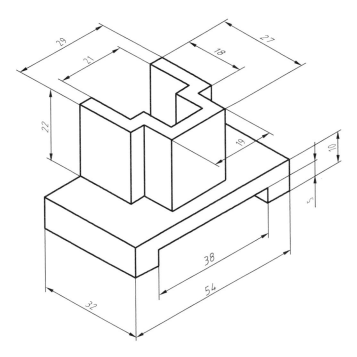

图 D-2

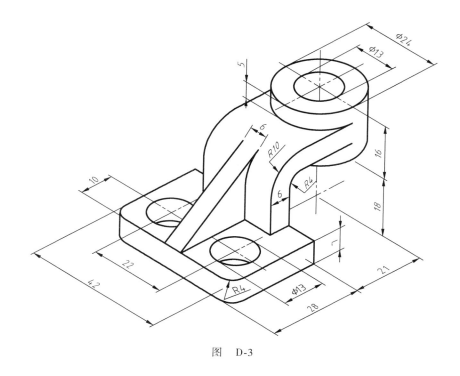

图　D-3

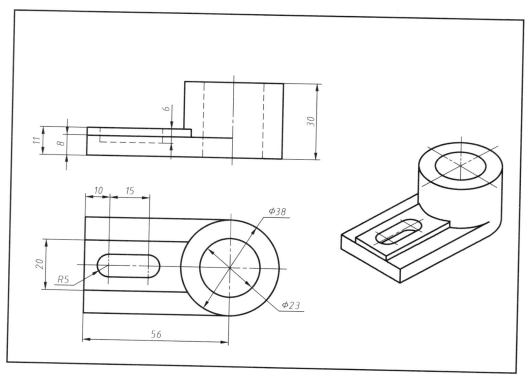

图　D-4

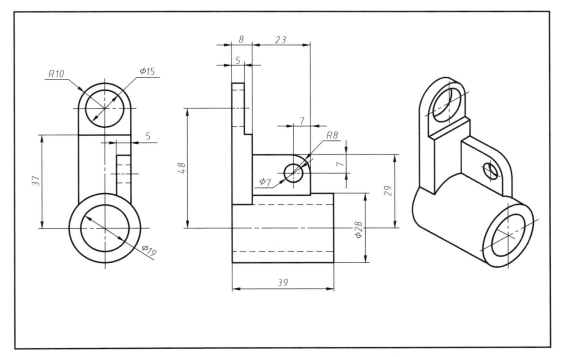

图　D-5

参 考 文 献

［1］ 王灵珠. AutoCAD 2014 机械制图实用教程 ［M］. 北京：机械工业出版社，2014.

［2］ 王博. AutoCAD 2018 机械制图实用教程 ［M］. 北京：机械工业出版社，2018.